Haider Faisal Ghazi
Nidhal Abdulmohaymen Mohammed
Raghad Jawad Hussein

Interação entre autofagia, defesa do hospedeiro e micróbios na doença de Crohn

Haider Faisal Ghazi
Nidhal Abdulmohaymen Mohammed
Raghad Jawad Hussein

Interação entre autofagia, defesa do hospedeiro e micróbios na doença de Crohn

ScienciaScripts

Imprint

Cover image: www.ingimage.com

This book is a translation from the original published under ISBN 978-3-659-89150-2.

Publisher:
Sciencia Scripts
is a trademark of
Dodo Books Indian Ocean Ltd. and OmniScriptum S.R.L publishing group

120 High Road, East Finchley, London, N2 9ED, United Kingdom
Str. Armeneasca 28/1, office 1, Chisinau MD-2012, Republic of Moldova, Europe
Managing Directors: Ieva Konstantinova, Victoria Ursu
info@omniscriptum.com

Printed at: see last page
ISBN: 978-620-8-60299-4

Dedicação

A todos os que sofrem de DII...
Dedico este trabalho.

Haider

Agradecimentos

Em primeiro lugar, o meu louvor a Deus por ter dado a persistência necessária para realizar o meu estudo através das dificuldades e de todas as circunstâncias da minha vida.

Gostaria de expressar os meus agradecimentos e o meu profundo apreço aos meus supervisores, Professor Dr. Nidhal Abdul Mohaymen, do Departamento de Microbiologia / Faculdade de Medicina / Universidade AL-Nahrain, e ao médico consultor Dr. Raghad Jawad Hussein, do Hospital Universitário de Gastroenterologia e Hepatologia, pelos seus amáveis conselhos, orientação científica e encorajamento ao longo da realização deste trabalho.

Os meus agradecimentos e apreciações são dedicados ao Reitor da Faculdade de Medicina, Dr. Alaa Ghani Hussain, e ao Conselho da Faculdade de Medicina/Universidade AL-Nahrain por me terem dado a oportunidade de concluir o meu doutoramento. Os meus mais profundos agradecimentos e gratidão são dedicados ao Professor Assistente Dr. Haider S. Kadhim, Presidente do Departamento de Microbiologia Médica, pelo seu apoio e encorajamento contínuos.

Um agradecimento especial a todos os meus colegas e colegas de doutoramento pela sua cooperação e ajuda.

Os meus maiores agradecimentos ao Dr. Mustafa Harbi pela sua orientação na revisão das amostras. Além disso, agradecemos profundamente ao homem que tem "mãos de ouro", Khalid Waleed Qassim, pela sua assistência no processamento de tecidos e na preparação de lâminas.

Tudo graças a quem vivi, a minha família, mulher e filhos. Todos eles me deram a esperança durante os últimos 3 anos.

Resumo:

A variante genética Thr300Ala do gene 16 like 1 relacionado com a autofagia (ATG16L1) confere um risco acrescido para o desenvolvimento da doença de Crohn. No entanto, pode influenciar a patogénese da doença através da interação com a imunidade do hospedeiro, o fenótipo da doença e a suscetibilidade à infeção microbiana que pode desencadear a patologia da doença. Este estudo tem como objetivo determinar o significado da variante genética ATG16L1 T300A no estado imunológico do hospedeiro, no fenótipo clínico e na apresentação, bem como o risco de aquisição microbiana (Norovírus e/ou *H. pylori*) em amostras de tecido em doentes com doença de Crohn (DC) em comparação com colite ulcerosa (CU) como grupo de controlo de casos e grupo de controlo (C).

Este estudo de controlo de casos realizado entre março de 2013 e junho de 2014 envolveu 35 CD, 40 UC e 35 C inscritos em três hospitais da cidade de Bagdade: Hospital Universitário de Gastroenterologia e Hepatologia, Cidade Médica e Cidade Médica AL-Emamain AL-Kadhemain. Após a extração do ADN genómico de cada amostra de sangue, a genotipagem do ATG16L1 T300A foi efectuada por SSP-PCR. Foram efectuadas técnicas imunohistológicas para a localização de ATG16L1, LC3C, lisozima, IL-17A, Norovírus e *H. pylori* em amostras de tecido de todos os indivíduos.

Este estudo observou uma associação específica das variantes genéticas ATG16L1 Thr300Ala com a DC (55,71%), conferindo um maior risco de desenvolvimento da doença (OR=2,76, 95% CI= 1,3-5,1), em vez da CU, a variação genética foi de 31,25% e não mostrou associação com o desenvolvimento da doença (OR=0,93, 95% CI= 0,4-1,8), enquanto na HC foi de 32,8%. Uma diminuição altamente significativa na lisozima tecidual foi relatada na DC (12,4±3,8) em comparação com a CU (45,7±10,8) e HC (21,5±8,03). Inversamente, verificou-se um aumento altamente estatístico da acumulação de LC3C no tecido na DC (23,97±8,85) em comparação com a CU (16,3±5,74) e (4,26±4,02) na HC. Além disso, os resultados mostraram um aumento altamente significativo das células secretoras de IL-17A na DC (36,4±7,89) e na CU (30,23±5,86) em comparação com a HC (3,14±2,93).

Na DC, a variante de risco da DC está associada a uma diminuição significativa da lisozima tecidual (11,56±4,05) em comparação com o alelo de tipo selvagem (13,58±3,1), a uma acumulação altamente significativa de LC3C (27,28±7,96) em comparação com o tipo selvagem (19,8±8,06) e a um aumento significativo da IL-17A tecidual (37,97±6,96) em comparação com o tipo selvagem (33,42±8,51). Clinicamente, os doentes com o alelo de risco da DC tinham um fenótipo clínico não específico, mas tendiam a ter uma manifestação extra-intestinal (75%) e a necessidade de intervenção cirúrgica (76,4%).

Foi relatada uma prevalência mais elevada de 25,7% (9/35) de Norovírus na DC em comparação com 17,5% (7/40) na CU e 0% (0/35) na HC, actuando como um fator de risco (OR=25,45, 95% CI=1,4-457,4) na DC, e mais baixo na CU (OR=15,9, 95% CI=0,87-289,5). O norovírus associou-se a lesões do cólon (36,8%) e à necessidade de cirurgia (41,2%) e 50% estavam associados ao alelo de risco da DC. Foi relatado um possível papel protetor do *H. pylori* na DC (OR=0,28, 95% CI= 0,079-0,99) e na CU (OR=0,24, 95% CI= 0,07-0,85) quando comparado com a HC, sem qualquer associação clínica ou imunológica entre os doentes com DC.

A interação entre a variante genética ATG16L1 T300A e a infeção por Norovírus foi sugerida na DC. O alelo de risco da DC está associado a uma diminuição dos péptidos antimicrobianos, à acumulação de autofagossomas contendo micróbios, a uma resposta inflamatória agressiva com IL-17A e a uma tendência para quadros clínicos graves.

Lista de conteúdos

Capítulo 1:

1.1. Introdução:

A doença de Crohn (DC) e a colite ulcerosa (CU) são doenças inflamatórias crónicas recidivantes mediadas pelo sistema imunitário que resultam de uma resposta aberrante a micróbio(s) em hospedeiros geneticamente susceptíveis[1,2]. Vários estudos demonstraram que o polimorfismo de nucleótido único no gene 16-like 1 relacionado com a autofagia (ATG16L1) T300A é considerado um fator de risco causal para a DC[3-9]. A autofagia (Xenofagia) desempenha um papel importante na proteção imunitária inata através da remoção de agentes patogénicos invasores utilizando enzimas de degradação lisossomal [10-12]. A este respeito, a proteína do gene 16-like 1 (ATG16L1) relacionada com a autofagia participa especificamente na formação de pahgophore juntamente com a captura de micróbios através da proteína de cadeia leve 3 - C (LC3C) que, em última análise, degrada os micróbios por enzimas lisossómicas como a lisozima[13-15].

Nos últimos anos, técnicas genéticas em ratinhos hipomórficos ATG16L1 mostraram suscetibilidade à infeção por micróbios com patologias semelhantes à doença de Crohn, enquanto o modelo sem germes não se desenvolve. Sugerindo uma diminuição da imunidade inata e um processo de xenofagia antimicrobiana defeituoso[16] devido à redução dos grânulos secretores que contêm péptidos antimicrobianos nas células de Paneth[13], a xenofagia disfuncional está associada a uma secreção elevada de citocinas pró-inflamatórias no intestino[17].

Os norovírus humanos (NoVs) são a principal causa (49,6%) de gastroenterite não bacteriana em todo o mundo[18,19]. Um agente patogénico comum como o Norovírus pode preceder o início da doença, exacerbar os sintomas e reativar a doença nos seres humanos [20,21] ou em modelos animais[22]. Estudos sugerem uma interação com a variante genética ATG16L1 T300A do hospedeiro que predispõe à infeção por NoV[23].

Por outro lado, foi referido que *a Helicobacter pylori* utiliza a autofagia como um nicho oculto para escapar ao sistema imunitário[24]. Vários estudos clínicos relataram evidências controversas, considerando *a H. pylori* como um possível fator de risco para a doença de Crohn e a colite ulcerosa[24,25] ou pode conferir proteção contra estas doenças [26].

Estas evidências correlativas sugerem um mecanismo de doença proposto baseado na variante genética ATG16L1 que conduz a um defeito no sistema imunitário inato, tal como indicado pela expressão da lisozima nos tecidos. Este defeito permite que os agentes patogénicos gastrointestinais, como o NoV e/ou o H. pylori, estabeleçam a sua atividade: NoV e/ou *H.*

pylori para estabelecer a sua sobrevivência e replicação em fagossomas dentro do epitélio intestinal e células inflamatórias. Como resposta a estes micróbios não reconhecidos, segue-se uma resposta inflamatória destrutiva guiada pela IL-17A.

1.2. Objectivos do estudo:

Este estudo prospetivo de caso-controlo avalia o significado clínico, imunológico e microbiano da variante genética ATG16L1 na patogénese da DC através dos seguintes objectivos

1. Estimativa das variantes genotípicas e alélicas de ATG16L1 T300A na doença de Crohn, colite ulcerosa e indivíduos de controlo por (SSP-PCR).
2. Deteção imuno-histológica da proteína 16like 1 do gene relacionado com a autofagia (ATG16L1), da cadeia leve 3 C (LC3C), da lisozima (LYZ) e da interlucina-17A (IL-17A), bem como de Norovírus e *H. pylori* em amostras de tecido dos grupos de estudo.
3. Estimar a associação entre as variantes genotípicas ou alélicas de ATG16L1 (Thr300Ala) e os fenótipos de doenças clínicas.
4. Estimar a associação entre as variantes genotípicas ou alélicas de ATG16L1 (Thr300Ala) e a expressão tecidular de ATG16L1, LC3C, lisozima e IL-17A.
5. Estimar a associação das variantes genotípicas ou alélicas de ATG16L1 (Thr300Ala) com a prevalência de Norovírus e *H. pylori*.

Capítulo 2:

1.3. Doença Inflamatória Intestinal:

1.3.1. Definição

A doença inflamatória intestinal (DII) é uma doença inflamatória crónica idiopática recorrente do trato gastrointestinal, que consiste na doença de Crohn (DC) e na colite ulcerosa (CU). Estas doenças diferem em termos da sua localização, da distribuição das áreas inflamadas e da sua histologia[27]. Em comparação com a CU, a DC caracteriza-se por: 1) a formação de fístulas, resultado de úlceras escavadas, e formação de estenose no trato gastrointestinal; 2) manifestações sistémicas mais frequentes e complicações extra-intestinais, que incluem febre, perda de peso, mal-estar e doenças reumatológicas; e 3) a presença de granulomas na apresentação patológica [28].

1.3.2. Classificação de doenças

As DII são doenças clinicamente heterogéneas com uma variedade de caraterísticas demográficas, clínicas e fenotípicas. A classificação dos diferentes fenótipos é necessária para poder comparar as caraterísticas da doença ao longo do tempo e no local. Também poderia melhorar as possibilidades de encontrar associações genótipo-fenótipo e possivelmente dar uma explicação mecanicista para ambas as doenças[29].

1.3.2.1. Doença de Crohn:

As áreas inflamadas nos doentes com DC distribuem-se de forma irregular e envolvem todo o intestino, desde a boca até ao ânus. A inflamação distribui-se de forma assimétrica, pode ser transmural, afectando assim toda a parede intestinal desde a mucosa até à serosa, o que pode levar a outras complicações como fístulas, abcessos e estenoses. A observação histológica revelará pequenas ulcerações superficiais e, por vezes, granulomas não caseosos[30]. Os fenótipos da doença podem ser classificados de acordo com a classificação de Montreal, dependendo da idade de início da doença, da localização anatómica da inflamação e do comportamento da doença (Quadro 2-1).

Tabela 2-1: A classificação de Montreal da doença de Crohn (2006), modificada a partir da classificação de Viena[29].

Idade de diagnóstico (A)	Caraterísticas
A1: Mais de 16 anos	Localização do cólon na maioria dos casos Elevada agregação familiar e suscetibilidade genética
A2: 17-40 anos de idade	Inflamação frequente e extensa, do trato gastrointestinal superior ao cólon
A3: Mais de 40 anos	Localização do cólon na maioria dos casos
Localização (L)	**Caraterísticas**
L1: Ileal	30% doentes com DC Manifestações clínicas básicas: Estenose*, náuseas, vómitos, dor abdominal, perda de peso e febre. Diarreia menos agressiva do que na localização do cólon.
L2: Cólon	20% de doentes com DC Uma ou várias áreas afectadas entre o ceco e o reto, mas principalmente o cólon. Diarreia abundante, hemorragia, dor abdominal e perda de peso. Correlaciona-se com doença perianal e manifestações extra-intestinais.
L3:Ileocolónica	40% doentes com DC Localização e manifestações clínicas de L1 e L2
L4: Trato gastrointestinal superior	5% doentes com DC O íleo proximal, o jejuno, o duodeno, o estômago, o esófago ou a orofaringe podem ser afectados. Manifestações clínicas heterogéneas, dependendo da localização exacta
Comportamento (B)	**Caraterísticas**
B1: Inflamatório	(não estruturante - não penetrante) Ulcerações superficiais e inflamação Dor abdominal e diarreia
B2: Rigor	Presença de estenose* e fibrose* Náuseas, vómitos, dor e distensão abdominal. Casos frequentemente refractários. Intervenção cirúrgica ocasional. Baixa
	recorrência.
B3: Penetração	Perfuração. Frequentemente formação de fístulas* e abcessos*. Necessidade de cirurgia. Elevada recorrência.

1.3.2.2. Colite ulcerosa

A CU é uma forma de DII que ocorre exclusivamente no cólon. O reto está envolvido em 95% dos doentes, com graus variáveis de extensão proximal. Ao contrário da DC, a inflamação está confinada à mucosa, exceto em casos raros, como o megacólon tóxico, e tem uma distribuição contínua de gravidade variável. A ulceração, o edema e a hemorragia são caraterísticas da CU. As caraterísticas histológicas incluem inflamação aguda e crónica por leucócitos polimorfonucleares e células mononucleares, abcessos da cripta, distorção das glândulas da mucosa e depleção de células caliciformes. A manifestação intestinal mais comum é a presença de sangue e muco misturados nas fezes, juntamente com cólicas no abdómen inferior. Dependendo da extensão anatómica da inflamação, a doença é subclassificada de acordo com a Tabela 2:

Tabela 2-2: Classificação de Montreal da extensão da colite ulcerosa (CU) (2006) [29].

Extensão	Anatomia
E1: Proctite ulcerosa	Envolvimento limitado ao reto (ou seja, a extensão proximal da inflamação é distal à junção rectosigmoideia)
E2: CU do lado esquerdo (CU distal)	Envolvimento limitado a uma proporção do colo-rectal distal à flexura esplénica
E3: UC extensa (pancolite)	O envolvimento estende-se proximalmente à flexura esplénica

2.3. Etiologia:

A causa exacta da DII ainda é desconhecida, mas pensa-se que se deve a uma combinação da genética do doente, dos micróbios, da resposta imunitária e do ambiente, que resulta numa resposta imunitária anormal excessiva contra a flora comensal e/ou micróbios patogénicos em indivíduos geneticamente susceptíveis[31-33].

Os cientistas divergem na sua opinião sobre a importância de cada fator. Xavier e Podolsky (2007) defendem a opinião de que os factores do hospedeiro implicados na função de barreira e na imunidade inata e adaptativa têm um papel mais importante do que os factores ambientais (Figura 2.1a) [34].

Sartor (2006) atribui igual importância à suscetibilidade genética, à resposta imunitária, aos antigénios microbianos luminais e a outros factores ambientais (Figura 2.1b)[35].

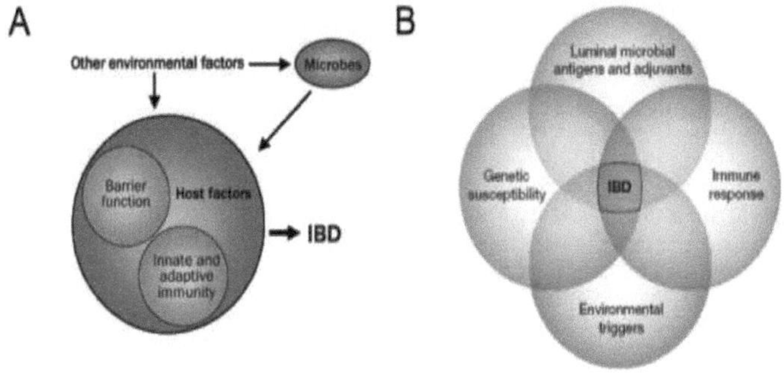

Figura 2- 1: Factores etiológicos implicados no aparecimento ou perpetuação da doença de Crohn. A: Modelo proposto por Xavier e Podolsky, (2007). B: Modelo proposto por Sartor, (2006).

Sewell, et al., (2009) propuseram um mecanismo de três estágios para o desenvolvimento de lesões da DC. Tendo em consideração que existe uma interação complexa entre factores genéticos, factores ambientais e imunidade inata[36].

A "Hipótese Unificada" recentemente proposta por Qin, (2012), propôs que tanto a CU como a DC são apenas dois sintomas com a mesma morbilidade, em vez de duas doenças. Ambas são causadas por um enfraquecimento da barreira intestinal e diferem apenas no facto de a CU se dever principalmente ao aumento da infiltração de bactérias intestinais e ao consequente recrutamento de neutrófilos e formação de abcesso da cripta, enquanto a DC se deve principalmente ao aumento da infiltração de antigénios e partículas do lúmen intestinal e ao consequente recrutamento de macrófagos e formação de granulomas[37].

A teoria mais aceitável é proposta por Scharl e Rogler (2012), que propõem que a disfunção da autofagia (causada por variações genéticas) resulta numa manipulação defeituosa dos micróbios. O papel crucial da autofagia na manutenção da homeostase celular sugere fortemente que a disfunção da autofagia contribui essencialmente para o aparecimento da inflamação intestinal crónica nos seres humanos[38].

2.4. Role of Microbes in Inflammatory Bowel Disease (Papel dos micróbios na doença inflamatória intestinal):

As DII, como a DC e a CU, ocorrem preferencialmente no cólon e no íleo distal, que contêm as concentrações bacterianas intestinais mais elevadas. Estudos clínicos, experimentais e terapêuticos sugerem um papel importante dos agentes microbianos na patogénese da DC, mas existem provas menos convincentes para a CU[39,40].

Várias linhas de evidência implicam microrganismos ou a microbiota intestinal na patogénese da DC. Alguns pacientes com DC apresentam melhora da doença clínica quando recebem cursos prolongados de antibióticos, como a ciprofloxacina oral[41,42] e o derivado oral não absorvível da rifamicina, a rifaximina[43]. A DII não ocorre em animais isentos de germes, em contraste com os seus animais naturalmente colonizados[44-46]. Os granulomas na parede intestinal são evidentes em 30%-60% dos tecidos ressecados da DC, o que pode indicar uma reação imunitária a micróbios ou produtos microbianos[47].

De um modo geral, a composição do microbiota fecal predominante dos doentes com DII foi estudada em comparação com a composição predominante em controlos não afectados, mas a caraterização da composição do microbiota associada à mucosa intestinal é frequentemente inexistente. A disbiose do microbiota intestinal foi bem reconhecida em doentes com DII, tal como evidenciado por diferentes métodos como: técnicas dependentes e independentes da cultura[40,48]. Esta disbiose é caracterizada por menos bactérias com propriedades anti-inflamatórias e/ou mais bactérias com propriedades pró-inflamatórias. Estudos relataram que bactérias como *Bacteroidetes* e *Firmicutes* estavam reduzidas em pacientes com DII[40,49-51]. Um estudo de assinatura microbiana forneceu o perfil desta disbiose com uma presença reduzida de *Faecalibacterium prausnitzii, Bifidobacterium adolescentis, Dialister invisus* e Clostridium cluster XIVa, e uma presença aumentada de *Ruminococcus gnavus* [52].

A composição da flora intestinal na DII é apoiada por estudos numa variedade de modelos murinos em que a colite crónica "espontânea" depende inteiramente da presença de uma flora luminal[53,54]. Assim, a colite não pode desenvolver-se quando estas linhas são mantidas num estado gnotobiótico sem germes, mas emerge rapidamente quando são reconstituídas com bactérias que são consideradas constituintes normais da flora luminal[55,56]. Podem ser propostas pelo menos três teorias, não necessariamente mutuamente exclusivas, sobre a implicação dos micróbios na etiopatogénese da DII: (1) o envolvimento de um agente patogénico persistente; (2) uma barreira mucosa anormalmente permeável que conduz a uma translocação bacteriana excessiva; e (3) uma quebra no equilíbrio entre as bactérias intestinais supostamente "protectoras" e "nocivas", uma "disbiose" que pode promover a inflamação[57].

2.4.1. Infeção humana por Norovírus:

Os norovírus (NoV) constituem um género da família Caliciviridae. Os agentes patogénicos humanos deste género causam, pelo menos, 95% dos surtos de gastroenterite não bacteriana e 50% de todos os surtos de gastroenterite em todo o mundo[58] e são considerados pelos Centros de Controlo e Prevenção de Doenças (CDC) como a causa mais comum de surtos de doenças de origem alimentar[59]. Os NoVs são classificados como agentes de biodefesa de categoria B, devido à sua elevada infecciosidade, extrema estabilidade, resistência a desinfectantes comuns e capacidade de causar doenças incapacitantes. Todos os grupos etários são susceptíveis à infeção e as infecções secundárias são comuns entre os indivíduos imunocomprometidos [60,61].

2.4.1.1. Epidemiologia e doença clínica:

O período de incubação variou entre 24-48 horas e a resolução dos sintomas em 12-72 horas[62]. Os sintomas incluem vómitos e diarreia com ou sem náuseas e cólicas abdominais. Também se pode desenvolver febre baixa e mal-estar. Embora a infeção por NoV cause normalmente uma gastroenterite aguda que se resolve poucos dias após o início dos sintomas, a doença induzida por NoV pode ser muito mais grave e prolongada em grupos de risco específicos. Por exemplo, os bebés e as crianças pequenas podem desenvolver uma gastroenterite mais grave após uma infeção por NoV, com sintomas que podem durar até seis semanas[63-65]. Foi relatado que os NoVs só ficam atrás dos rotavírus na causa de gastroenterite infantil grave[65-67]; considerando o recente sucesso da vacinação de bebés contra infecções por rotavírus, os NoVs tornar-se-ão provavelmente a causa mais comum de doença diarreica infantil. Além disso, está bem documentada uma infeção sintomática prolongada em doentes transplantados e noutros indivíduos imunodeprimidos, com sintomas que duram mais de dois anos[68-71]. Do mesmo modo, a infeção por NoV pode ser particularmente grave nos idosos, resultando mesmo na morte[72,73]. Um estudo recente também referiu que os doentes com doença inflamatória intestinal podem apresentar diarreia sanguinolenta após a infeção por NoV[21]. É interessante notar que o vírus é detectado não só nas amostras fecais destes ratos, mas também nos gânglios linfáticos mesentéricos e, em alguns casos, nos intestinos e baços. As infecções virais persistentes estão também normalmente associadas a uma perturbação do funcionamento normal das células imunitárias após a infeção. Embora não existam atualmente provas diretas de que os NoV prejudicam a função imunitária, é interessante notar que os NoV murinos infectam células dendríticas (CD)[(74)], uma vez que muitos vírus persistentes visam este tipo de células e prejudicam especificamente a sua capacidade de ativar células T e B[75].

2.4.1.2. Patogénese e replicação

Os calicivírus humanos causam a infeção predominantemente por via oral. Os viriões são estáveis em ácido e podem sobreviver após a passagem pelo estômago. Os NoV são altamente infecciosos devido à combinação de uma dose infecciosa baixa (DI 50 < 20 partículas de vírus), um nível elevado de excreção do vírus (10^8 a 10^{10} cópias de ARN por grama de fezes) e uma excreção prolongada após a recuperação clínica[76,77]. O vírus é replicado no citoplasma dos enterócitos, onde o ARN de polaridade positiva actua como ARNm. Estudos demonstraram que a eliminação do vírus pode continuar durante mais de 2 semanas após a fase sintomática da doença, bem como em casos de infeção assintomática[78] com uma implicação em surtos causados por doenças de transmissão alimentar[79].

2.4.1.3. Imunidade

Devido à falta de um modelo animal e de recursos para cultivar este vírus em culturas celulares, os testes de neutralização *in vitro* não são viáveis, e os dados sobre o desenvolvimento de imunidade após a infeção por NoV são obtidos a partir de estudos humanos com voluntários[80]. Estudos indicam que aproximadamente 50% das pessoas expostas ao vírus adquiriram imunidade homóloga de curta duração, que está correlacionada com o nível sérico de anticorpos[61]. No entanto, as pessoas com níveis elevados pré-existentes de anticorpos contra o NoV podem adoecer se forem expostas ao vírus[61,81]. Foi desenvolvida uma vacina candidata, embora não se saiba se a vacina induz uma proteção imunitária homotípica ou heterotípica[80,82]. Como não existe nenhum método adequado de prevenção e controlo, o desenvolvimento de uma vacina contra o NoV poderia ser a melhor solução para esta doença infecciosa[83]. Os estudos sugerem que existe uma imunidade a curto prazo após a infeção e que alguns indivíduos são susceptíveis a uma infeção sintomática, enquanto outros nunca desenvolvem sintomas, mesmo após um contacto direto[61].

2.4.2. Infeção *por Helicobacter pylori*:

A Helicobacter pylori é uma bactéria microaerofílica, Gram-negativa, em forma de espiral e flagelada que coloniza a mucosa gástrica humana e induz inflamação crónica [84,85]. Marshall e Warren isolaram pela primeira vez este agente a partir de biopsias de estômago humano em 1983. *O H. pylori* é um dos agentes patogénicos bacterianos humanos mais comuns. Demonstrou ser um agente etiológico para o desenvolvimento de gastrite, úlcera péptica [86], linfoma do tecido linfoide associado à mucosa (MALT) [87], metaplasia intestinal [88] e cancro gástrico [89-9]1. *A H. pylori* foi classificada como o primeiro agente cancerígeno bacteriano de classe 1 pela Organização Mundial de Saúde/Agência Internacional de Investigação sobre o Cancro (OMS/IARC) em 1994[92]. A infeção por *H. pylori* é uma das infecções bacterianas mais comuns em todo o mundo, afectando mais de metade de toda a população humana[93]. A infeção é adquirida durante a infância e transmitida pela ingestão oral de alimentos ou água contaminados. A infeção adquirida pode persistir durante toda a vida, a menos que seja tratada com êxito [94,95].

2.4.2.1. Respostas do hospedeiro à *H. pylori:*

A H. pylori consegue escapar às respostas do hospedeiro, o que permite que a bactéria estabeleça uma colonização a longo prazo durante várias décadas[96]. A eliminação ineficiente da bactéria do seu nicho preferido pode contribuir para o desenvolvimento das lesões da mucosa gástrica. Foi proposto que esta ineficiência na eliminação bacteriana pode dever-se à capacidade da *H. pylori* de se refugiar no interior das células epiteliais, o que permite à bactéria escapar à erradicação por células imunitárias e antibióticos de ação extracelular[97,98]. As provas acumuladas sugerem que a bactéria pode perturbar as vias fagocíticas normais para evitar ou atrasar a sua degradação durante a infeção[97,99,100]. Os mecanismos exactos através dos quais *a H. pylori* explora os mecanismos das células hospedeiras para sobreviver intracelularmente são pouco conhecidos. Ao longo da última década, vários grupos de investigação relataram, de forma independente, que a infeção por *H. pylori* pode induzir a macroautofagia[98,101]. Apesar de ter como alvo principal as bactérias intracelulares, a macroautofagia também pode atuar contra as bactérias consideradas extracelulares quando estas conseguem entrar na célula eucariótica[102]. Foi proposto que *a H. pylori*, uma vez internalizada e sequestrada em autofagossomas de dupla membrana, pode utilizar estes compartimentos como um nicho replicativo[98,101,103]. Foi relatado que evita a maquinaria autofágica através da regulação negativa da expressão de proteínas autofágicas[104].

A H. pylori também é excelente colonizadora da superfície gastrointestinal pelo seu metabolismo microaerofílico, forma espiralada e motilidade peculiar[105]. Considerando a regulação imunológica, a capacidade de colonização e a natureza dos danos auto-imunes na DC, é teoricamente plausível que a infeção por *H. pylori* possa participar na patogénese da DC[106]. Em ligação com a variante genética ATG16L1 T300A, a proteína resultante reduz as respostas autofágicas à citotoxina vaculante A (VacA) e aumenta a suscetibilidade à infeção com uma Vac-A *de H. pylori*, sugerindo que facilita a inflamação crónica [107,108].

2.5. Autofagia

Os termos "autofagia" e "autofagossoma" foram originalmente cunhados por De Duve e Wattiaux em 1966 para descrever um sistema digestivo intracelular estreitamente relacionado com os lisossomas[109]. A autofagia é um termo geral e pode ser designada de acordo com a sua função, como a macroautofagia, a autofagia mediada por chaperonas e a xenofagia[110].

A autofagia é um processo intracelular que transporta material citoplasmático para o lisossoma para degradação. A autofagia é agora considerada um componente essencial da imunidade inata, ou seja, o reconhecimento, a seleção e a eliminação de agentes patogénicos invasores através de um tipo de autofagia selectiva que foi designada xenofagia, na qual os agentes patogénicos intracelulares são especificamente incorporados em autofagossomas e degradados (figura 2-4). Entre as 31 proteínas Atg, 18 proteínas Atg - Atg1-10, Atg12-14, Atg16-18, Atg29 e Atg31 - estão envolvidas na formação de autofagossomas e são denominadas "proteínas AP-Atg" [111,112].

O processo de autofagia ocorre em resposta a estímulos induzidos, tais como: stress celular para fornecer nutrientes durante a inanição ou para remover organelos danificados, agregados proteicos e micróbios. Consequentemente, a autofagia actua como um processo de homeostase celular para conseguir a sobrevivência celular ou, se o stress for grave, desencadeia a morte celular por apoptose[113]. As evidências mostraram que a autofagia desempenha uma função importante nas respostas imunitárias inatas e adaptativas a uma variedade de agentes patogénicos, e que esta função está comprometida na DC[38,114].

2.5.1. Etapas da autofagia:

A autofagia é um processo com várias etapas que envolve o englobamento de componentes citosólicos em vesículas de membrana dupla, depois a ligação lisossómica e a degradação. O processo autofágico pode ser dividido em quatro etapas mediadas por uma cascata de ativação de quinase e maquinaria semelhante à ubiquitina].

Mais de 31 genes relacionados com a autofagia (ATG) foram identificados e caracterizados[111]. Este processo altamente ordenado e conservado pode ser dividido em quatro etapas: iniciação, alongamento, seleção de carga e maturação (Figura 2-2).

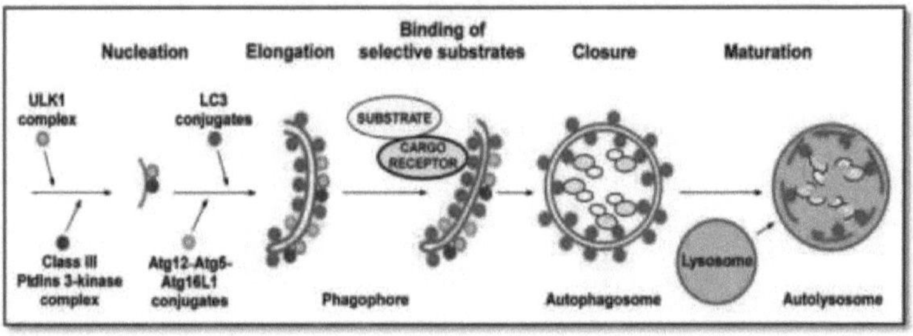

Figura 2- 2: Etapas e proteínas envolvidas na autofagia. Processo gradual de formação e maturação dos autofagossomas. A ativação do complexo ULK (UNC-51-like kinase) inicia o processo de formação dos autofagossomas. O recrutamento do complexo Vps34 assegura o fornecimento de fosfatidilinositol 3-fosfato (PI3P), que actua como uma força motriz essencial na montagem do autofagossoma, particularmente na formação da membrana de isolamento. A membrana de isolamento pode ter origem numa estrutura baseada no ER chamada omegasoma, embora não se saiba se a origem da membrana de isolamento é o próprio ER ou se a Atg9 actua como um "vaivém de membrana" para fornecer membranas de uma fonte diferente. No entanto, Atg9 fornece a membrana necessária para o alongamento e é ainda auxiliada por proteínas de ligação a PI3P e pelo complexo Atg12- Atg5/Atg16L1. A Atg8 é incorporada nas membranas interna e externa do autofagossoma em formação e é necessária para que a membrana se funda e forme um autofagossoma, uma estrutura fechada de dupla membrana. Os autofagossomas fundem-se com os lisossomas para formar autolisossomas, nos quais a carga é degradada[115].

2.5.1.1. Iniciação:

O início da autofagia é caracterizado pela formação do local de montagem do fagóporo ou estrutura pré-autofagossómica (PAS)[11]. A PAS é constituída por estruturas membranosas, bem como por uma grande variedade de proteínas reguladoras da autofagia. Na PAS, forma-se inicialmente uma pequena cisterna chamada fagóporo ou membrana de isolamento. Diferentes estímulos autofágicos podem iniciar a formação de uma membrana de isolamento através da ativação do complexo quinase ULK (uncoordinated-51-like kinases). Após a ativação, o complexo ULK recruta outras proteínas de autofagia para o local de montagem da membrana, que incluem o complexo fosfatidilinositol 3-quinase (PI3K) de classe III, composto por Beclin-1, Vps34 (vacuolar protein sorting 34), a serina/treonina quinase p150 e Barkor/mAtg14. A ação do complexo PI3K gera fosfoinositídeos para recrutar outras proteínas que se pensa transportarem a membrana para o fagóforo em crescimento.

2.5.1.2. Alongamento:

A aquisição de lípidos extra leva à fusão das duas extremidades em crescimento e à formação de uma vesícula esférica de dupla membrana. Nesta etapa, dois sistemas de conjugação do tipo ubiquitina são necessários para a formação da membrana de isolamento. O primeiro sistema é mediado por Atg7 e Atg10, que ligam covalentemente Atg12 a Atg5. Este conjugado Atg12-5 interage com Atg16L1 e tetrameriza-se (complexo Atg12-5/16L1) para se localizar no fagóforo. O segundo sistema de conjugação, composto por Atg4, Atg7 e Atg3, modifica a proteína citosólica LC3 (cadeia leve da proteína 3 associada aos microtúbulos) com a ligação de uma âncora lipídica de fosfoetanolamina e a subsequente inserção na membrana autofágica. Foi proposto que o complexo Atg12-5/16L1 não só promove a lipidação da LC3 como também determina o local de inserção da LC3 modificada (LC3-II). A inserção de LC3 promove o recrutamento de carga e o fecho dos autofagossomas. Devido à decoração das membranas autofágicas com LC3 e à capacidade de detetar a LC3-II modificada por immunoblot, a LC3 é o marcador de autofagia mais utilizado. É de notar que, para simplificar, nos referimos à modificação "LC3", uma vez que nos mamíferos existem quatro genes LC3 e duas proteínas relacionadas da família GABARAP (proteínas associadas ao recetor do ácido c-aminobutírico) que se associam aos autofagossomas, enquanto que na levedura existe apenas um gene (Atg8). Os papéis específicos destes diferentes homólogos de Atg8 em mamíferos estão ainda a ser investigados.

2.5.1.3. Seleção de carga

O reconhecimento e a orientação de organelos danificados, agregados proteicos e agentes patogénicos intracelulares para os autofagossomas são mediados por proteínas adaptadoras específicas que interagem com a LC3. Dois dos principais adaptadores do autofagossoma são a p62/sequestosoma 1 (SQSTM1) e a NBR1 (vizinha do gene BRCA1 1), que se ligam diretamente a substratos ubiquitinados e os encaminham para o autofagossoma através da ligação à LC3. Outro adaptador é o NDP52 (nuclear dot protein 52), que pode desempenhar um papel mais específico na captura de agentes patogénicos intracelulares decorados com ubiquitina.

2.5.1.4. Maturação de autofagossomas

Quando a formação do autofagossoma está completa, este amadurece através da fusão com lisossomas, tais como: as catepsinas B, D e L, bem como a lisozima, para causar a degradação do seu conteúdo. A fusão com os lisossomas é mediada pelas acções concertadas da pequena GTPase Rab7 e das proteínas de membrana associadas aos lisossomas, LAMP-1 e -2[116].

2.5.2. Proteína 16- like 1 relacionada com a autofagia (ATG16L1):

A Atg16L1 é uma proteína de suporte com um domínio de interação proteica N-terminal, um domínio de bobina enrolada e sete repetições WD C-terminais[117-119]. Interage constitutivamente com os conjugados proteicos Atg12-Atg5 através do seu domínio N-terminal, e a Atg16L1 auto-monta-se através do seu domínio coiled-coil, formando assim um complexo de elevado peso molecular (Atg12-Atg5-Atg16) de ~800 kDa. Este complexo é maioritariamente solúvel no citosol, mas quando a autofagia é induzida, forma uma localização puncta, que representa a formação do autofagossoma[119]. É interessante que, quando o autofagossoma está completamente formado, este padrão de localização desaparece e o complexo proteico fica disperso pelo citosol. Além disso, ao contrário da LC3-II, que se localiza tanto na superfície citosólica interna como na externa do autofagossoma em formação, o complexo Atg16L localiza-se exclusivamente na superfície externa do autofagossoma em formação[120]. Nesta plataforma, a Atg16L1 é necessária para a localização do complexo no fagóforo e para a formação de autofagossomas através da conjugação da LC3 com a fosfatidiletanolamina[121]. Actua como uma enzima do tipo E3 na reação de lipidação do LC3. Isto baseia-se nas seguintes observações: (i) Atg3, a enzima E2 envolvida na lipidação de LC3, liga-se a Atg12 e uma mutação pontual que impede esta ligação leva a um defeito na reação de lipidação[121]. (ii) Um defeito na associação membranar do complexo Atg16L leva a defeitos na lipidação[121]. (iii) A localização ectópica forçada do complexo Atg16L na membrana plasmática leva a uma reação de lipidação ectópica[121]. (iv) Um conjugado Atg12-Atg5 de levedura facilita a reação de lipidação de Atg8 in vitro[122]. A localização do complexo Atg16L só foi descrita no autofagossoma em formação, pelo que é altamente possível que a reação de lipidação do LC3 ocorra na superfície externa do autofagossoma em formação. Considera-se que o complexo Atg16L pode entregar LC3 no autofagossoma em formação e subsequentemente LC3 funciona no fecho do autofagossoma. Como resultado, a perda de Atg16L1 prejudica gravemente a formação de autofagossomas, a degradação de proteínas de longa duração e a eliminação de bactérias tanto nas células imunitárias como nas epiteliais[123-126].

2.5.3. Proteína 1 de cadeia leve 3 associada aos microtúbulos:

Nos mamíferos, é uma subfamília de moléculas do tipo ubiquitina que consiste em LC3A, LC3B e LC3C. A base carboxilo C-terminal de LC3/Atg8 é conjugada com a amina do grupo principal da fosfatidiletanolamina (PE) através de uma ligação amida por uma sequência de reacções do tipo ubiquitinação que envolve uma protease (Atg4), Atg7, e um análogo E2 diferente (Atg3)[127]. A forma lipidada de LC3/Atg8 está associada à membrana autofágica[121]. De facto, a maior parte do LC3/Atg8 liberta-se da membrana durante a fase final da autofagia, a fusão dos autofagossomas e dos lisossomas[120,128]. À semelhança da Atg5, a Atg8 é necessária para a formação de autofagossomas. Embora a LC3/Atg8 lipidada possa estar diretamente envolvida no alongamento da membrana.

Imediatamente após ser traduzida a partir do ARN mensageiro, a maior parte da porção C-terminal da proteína LC3 é clivada pelas proteases Atg4, e o resíduo de glicina torna-se o novo C-terminal[129]. Esta forma é denominada LC3-I e é uma proteína solúvel[130]. Outra forma de LC3 comporta-se como uma proteína integral de membrana porque está ancorada ao lípido da membrana. Na base carboxilo da glicina C-terminal da LC3-I, uma base amina do grupo principal da fosfatidiletanolamina (PE) liga-se através de uma ligação amida, sendo esta forma designada por LC3-II[127]. A LC3-II localiza-se exclusivamente no autofagossoma. A LC3 é então removida do PE pela ação das proteases Atg4[129]. A LC3 aprisionada no autofagossoma é degradada após o lisossoma se fundir com o autofagossoma[131]. Por conseguinte, o autolisossoma, uma estrutura híbrida do autofagossoma e do lisossoma, não possui LC3 intacta.

2.5.4. Papel da LC3C na Xenofagia:

Quando o agente patogénico é capturado em segurança no interior de um autofagossoma, a dupla membrana autofagossómica restringe a dispersão do agente patogénico e constitui uma barreira adicional contra potenciais tentativas de manipulação dos processos celulares por parte dos agentes patogénicos[132]. As membranas autofagossómicas separam os agentes patogénicos dos recursos citosólicos e promovem a sua entrega lisossómica. A capacidade dos autofagossomas para impedir que os micróbios colonizem o citosol do hospedeiro foi demonstrada para *Streptococcus pyogenes*[133] e *Salmonella enterica serovar Typhimurium*[134]. Os autofagócitos são os principais mecanismos de autofagia e têm caraterísticas semelhantes às dos autofagossomas convencionais[135]. Existem, no entanto, algumas diferenças, por exemplo, a capacidade de engolir cargas muito grandes, como as cadeias de *S. pyogenes*. A formação destes autofagossomas gigantes requer o envolvimento de Rab7 nas fases iniciais da formação dos autofagossomas[136], o que contrasta com o seu papel na macroautofagia canónica, em que Rab7 participa principalmente na fusão dos autofagossomas com os lisossomas[120]. Os autofagossomas antibacterianos também têm a tendência para envolver a sua carga em camadas membranares tipo cebola[137], embora a origem e a importância funcional destas estruturas permaneçam incertas.

A autofagia selectiva da carga celular e dos agentes patogénicos invasores são processos relacionados e seguem princípios semelhantes aos da autofagia não selectiva. A autofagia selectiva baseia-se na marcação da carga potencial com sinais "eat-me" específicos, que incluem frequentemente cadeias de poliubiquitina. À semelhança dos agregados proteicos que se tornam ubiquitinados antes de serem engolidos pelos autofagossomas, as bactérias que danificaram os seus compartimentos vesiculares e estão expostas ao citosol podem atrair um revestimento denso de poliubiquitina[138].

O CALCOCO2/NDP52 atinge a especificidade para LC3C através de um motivo LIR não canónico que consiste no tripeptídeo Leu-Val-Val e que designamos por CLIR (LC3C-specific LIR). O reconhecimento viral durante a xenofagia nas suas células hospedeiras ocorre durante a fusão com a membrana celular ou ao atingir o citoplasma. Este reconhecimento pode ser efectuado por sensores da imunidade inata (TLRs) [139,140]. Vários estudos abordaram esta questão, a infeção experimental

com (vírus do sarampo, da gripe A, do coronavírus e do sindbis) serão reconhecidos pelos TLR e a proteína p62 irá interagir com LC3C durante a formação do fagossoma [141-144].

2.5.5. Lisozima:

A lisozima é uma proteína antibacteriana que se encontra em concentrações significativas em muitas secreções humanas, incluindo lágrimas, leite materno, saliva e secreções gástricas e do intestino delgado. É expressa no trato intestinal pelas glândulas gástricas e pilóricas, glândulas duodenais de Brunner, células de Paneth do intestino delgado, macrófagos e granulócitos [145]. A provável importância da lisozima na defesa inata intestinal foi sugerida pela sua ausência nas células de Paneth em recém-nascidos com enterocolite necrosante[146]. A falta de lisozima pode tornar estes bebés susceptíveis de translocação bacteriana e subsequente síndrome de sépsis.

A lisozima é uma enzima importante do sistema imunitário inato. O efeito bactericida da lisozima baseia-se tanto na atividade lítica da parede celular desta enzima como na atividade de um péptido antimicrobiano catiónico que leva à permeabilização da membrana. Torna as bactérias sensíveis à lise osmótica através da degradação do peptidoglicano, um componente vital da parede celular bacteriana. Especificamente, a lisozima catalisa a hidrólise da ligação glicosídica β1-4 entre o ácido N-acetil murâmico (NAM) e a N-acetil glucoseamina (NAG), que constituem os blocos de construção dissacáridos do polímero de peptidoglicano. A sua identificação nas células de Paneth fornece as primeiras pistas para uma função antimicrobiana destas células[147]. Para além das secreções das células de Paneth , a lisozima é abundante no fluido de superfície de outros órgãos, bem como nos grânulos de macrófagos e neutrófilos. A sua elevada concentração *in vivo* sugere que desempenha um papel importante na imunidade inata.

2.6. Patogénese da doença inflamatória intestinal:

A patogénese da DII é conseguida por uma população complexa de células imunitárias na camada da mucosa intestinal. Estas células têm de fazer o equilíbrio entre um requisito de tolerância imunitária do microbiota luminal e a necessidade de defesa contra agentes patogénicos, a entrada excessiva de microbiota luminal, ou ambos[148]. As disfunções das vias imunitárias inatas e adaptativas contribuem para a resposta inflamatória intestinal aberrante em doentes com DII[31]. Foi encontrada uma ligação direta entre a autofagia, a imunidade inata e a tolerância aos micróbios luminais [149]. Os estudos imunológicos centraram-se recentemente no papel da autofagia nas respostas imunitárias inatas e nas respostas imunitárias adaptativas em indivíduos geneticamente susceptíveis e em factores desencadeantes como os micróbios[150].

2.6.1. Imunidade inata

A resposta imune inata representa a primeira linha de defesa contra os agentes patogénicos. Trata-se de uma resposta inicial, rápida e inespecífica a estímulos, frequentemente em minutos ou horas. A resposta imunitária inata é mediada por uma grande variedade de tipos de células diferentes, incluindo células epiteliais, neutrófilos, células dendríticas, monócitos, macrófagos e células assassinas naturais[151]. A barreira epitelial defeituosa e o aumento da permeabilidade intestinal são descritos há muito tempo em doentes com DII[152]. A primeira barreira física que as bactérias intestinais e os antigénios alimentares encontram na superfície da mucosa é representada pela camada mucosa que cobre o epitélio intestinal. A importância do muco na prevenção da invasão bacteriana e da inflamação intestinal foi comprovada[153]. A segunda linha de defesa contra a invasão bacteriana é formada pelo epitélio intestinal, que consiste em enterócitos e células epiteliais especializadas, como as células caliciformes e as células de Paneth. As células de Paneth são células-chave para a resposta imunitária inata, sendo uma fonte importante de péptidos antimicrobianos como a alfa-definsina e a lisozima [154,155].

Para além de formarem uma barreira física contra as bactérias, as células epiteliais podem segregar uma série de péptidos antimicrobianos. Foi observada uma expressão defeituosa de péptidos antimicrobianos em doentes com DC[156].

Esta forma de imunidade é reconhecida por receptores de reconhecimento de padrões, incluindo receptores do tipo toll (TLRs) na superfície celular e receptores do tipo domínio de oligomerização de ligação a nucleótidos (NOD) no citoplasma [157,158]. Após a sensação com NODs no local de entrada microbiana através da membrana plasmática, ocorre[159,160]. Pode detetar peptidoglicanos ou péptidos derivados de a sua degradação. A ativação de NOD1 ou NOD2 induz respostas predominantemente Th2. No entanto, a conjugação com a estimulação de TLR, NOD1 e NOD2 é necessária para a indução de respostas imunitárias Th1, Th2 e Th17[161,162].

2.6.2. Imunidade adaptativa

Ao contrário da resposta imunitária inata, a imunidade adaptativa é altamente específica, demora frequentemente vários dias a responder e depende do tipo e do número de células T. As células T helper (Th) 1, induzidas pela IL-12, produzem uma quantidade elevada de interferão-gama (IFN-γ), enquanto as células Th2 libertam IL-4, IL-5 e IL-13[163]. Pensa-se que uma resposta imune Th1 anormal causa a inflamação intestinal na DC, e observou-se que as células T da mucosa de doentes com DC produzem quantidades mais elevadas de IL-2 e IFN-γ do que as células T de doentes com CU ou controlos[164]. Também foi demonstrado que, na CU, as células T natural killer (NK) atípicas libertam maiores quantidades da citocina Th2 IL-13 do que as células T dos controlos ou dos doentes com DC [165,166]. Por conseguinte, pensa-se que a DC é caracterizada por uma resposta imunitária Th1, enquanto a CU tem sido considerada como uma doença mediada por Th2[167].

A hipótese de um equilíbrio de citocinas Th1/Th2 tem sido utilizada para explicar a patogénese de doenças inflamatórias crónicas como a DII.

No entanto, a descoberta de uma nova classe de células Th, as células Th17, que produzem citocinas da família IL-17, levantou um novo paradigma: nomeadamente, que as células Th17 são uma subpopulação de células T essencial no desenvolvimento de doenças inflamatórias crónicas em humanos e ratos.

As células Th17 são um subconjunto de células T caracterizado pela produção de grandes quantidades de IL-17A, IL-17F, IL-21 e IL-22. São induzidas por uma combinação de IL-6 e do fator de crescimento transformador (TGF)-β e expressam um fator de transcrição específico, o recetor órfão relacionado com o ácido retinóico (ROR)γt[168-171]. A sua expansão é promovida pela IL-23[172]. O envolvimento das células Th17 e, em particular, da IL-17A na inflamação intestinal tem sido amplamente estudado. Foram detectados níveis elevados de transcrição da IL-17A na mucosa da DC e da CU em comparação com o intestino normal[173,174]. Além disso, a mucosa inflamada da DII cultivada *in vitro* produz níveis mais elevados de IL-17A do que o controlo[175]. Além disso, as células Th17 são uma fonte importante de IL-Mucosa 21, uma citocina relacionada com a IL-2 que é regulada positivamente na DII inflamada

As células Th17 desempenham um papel importante na barreira da mucosa intestinal, afectando as respostas inatas e adaptativas[178]. As células Th17 da mucosa regulam a integridade da barreira física das células epiteliais, através da quimiotaxia de neutrófilos e macrófagos para prevenir a invasão de agentes patogénicos[179]. As suas citocinas efectoras estimulam ainda a formação de junções apertadas nas células epiteliais da mucosa, proporcionando assim resistência à translocação bacteriana através da mucosa gastrointestinal para a corrente sanguínea[180]. As células Th17 também afectam os componentes celulares do sistema imunitário, recrutando neutrófilos para o local da inflamação, estimulando a produção de péptidos antimicrobianos pelas células epiteliais, aumentando a produção de metaloproteinases da matriz pelos fibroblastos, aumentando a produção de imunoglobulinas pelas células B e regulando diferentes células T. Assim, as células Th17 contribuem para a barreira da mucosa através de vários mecanismos que ajudam o hospedeiro contra a invasão de agentes patogénicos[181,182].

2.6.3. Ligação entre a autofagia e a resposta imunitária:

A autofagia desempenha um papel fundamental na eliminação de micróbios, mediada pelo sequestro autofágico e subsequente fusão e degradação lisossómica[183]. Além disso, a autofagia participa nas respostas imunitárias adaptativas, através da apresentação de antigénios, e na manutenção da função dos linfócitos[184]. Isto é conseguido pelos autofagossomas que se fundem com os compartimentos de carga do complexo principal de histocompatibilidade (MHC) de classe II e transferem o seu conteúdo para estes compartimentos, após a apresentação do antigénio[185]. Além disso, os fragmentos de péptidos gerados pela degradação intracelular de micróbios, incluindo a degradação autolisossómica, são apresentados em moléculas MHC de classe I e II. As moléculas MHC de classe I estão geralmente presentes na maioria dos tipos de células e ajudam na apresentação de antigénios às células T CD8+[186]. No entanto, foi demonstrado que a indução de autofagia em células-alvo aumenta a sua capacidade de atuar como imunogénios para a apresentação cruzada de células dendríticas a células T CD8+[187]. Os estudos sugerem que os autofagossomas fornecem substratos intracelulares para o carregamento do MHC de classe II nas CD, nas células B e nas células epiteliais. A formação adequada da sinapse imunológica, que é o local de contacto entre a célula apresentadora de antigénio e as células T, é importante para a eficácia e o resultado da resposta imunitária que se segue, tendo sido demonstrado que a desestabilização sináptica resulta numa diminuição da sinalização das células T[188]. Após a formação da sinapse imunológica, é induzida a autofagia, que actua como um regulador de feedback negativo das interações entre as células T e as células DC, desestabilizando a sinapse. Nos doentes com doença de Crohn portadores do alelo de risco ATG16L1, a atividade autofágica está diminuída, o que conduz a interações hiperestáveis entre as células DC e as células T, contribuindo possivelmente para a hiperatividade das células T[189].

Esta hiper-ativação das CD foi observada nos locais de inflamação[190]. A sobre-ativação das CD induz uma forte diferenciação de linfócitos efectores (CD4+ e CD8+) e de outras células efectoras, como as células natural killer (NK) e NK T (NKT), ao mesmo tempo que suprime a produção de células reguladoras. A ausência de linfócitos T reguladores (Treg) contribui para o desenvolvimento de uma resposta imunitária a bactérias comensais normalmente toleradas pelo sistema imunitário da mucosa (tolerância periférica)[126].

2.6.4. Resposta imunitária anormal na mucosa inflamada de doentes com DII:

A ativação específica do antigénio de vários linfócitos na mucosa intestinal por agentes patogénicos entéricos é uma caraterística importante da imunopatologia da DII[191-194] (figura 2-3). Em condições fisiológicas, um grande número de células imunes inatas e adaptativas estão localizadas na lâmina própria intestinal, tais como células T, células B, células natural killer (NK), células NKT, macrófagos (Mφ), células dendríticas (DCs), mastócitos, neutrófilos, eosinófilos, bem como células estromais (como fibroblastos)[195]. O sistema linfoide no intestino coexiste pacificamente com o ambiente externo, uma única camada epitelial separada da flora microbiana luminal[196]. No entanto, em condições inflamatórias, um grande número de células imunitárias activadas infiltra-se na mucosa intestinal. Estas células imunitárias e algumas células estromais não só expressam níveis elevados de moléculas de adesão (como CD54, CD62L), mas também expressam níveis elevados de mediadores inflamatórios e receptores de quimiocinas (como CCR5, CCR6 e CCR9) e integrinas (como a integrina $\alpha 4\beta 7$)[197]. Além disso, os fibroblastos e as células endoteliais capilares da mucosa intestinal também exprimem níveis elevados de quimiocinas, selectinas (por exemplo, selectina E) e molécula de adesão intracelular-1 (ICAM-1, ou CD54), que induzem ainda mais as interações intermoleculares dos leucócitos na circulação sanguínea para migrarem para a mucosa intestinal e promovem a resposta inflamatória local[191-194].

As evidências demonstraram que as células T CD4+ isoladas da mucosa inflamada de doentes com DC, quando estimuladas *in vitro*, são capazes de produzir grandes quantidades de citocinas pró-inflamatórias associadas a Th1/Th17 (por exemplo, IFN-γ, TNF e IL-17A)(182) , IFN-γ, TNF e IL-17A)[182], enquanto no tecido inflamado da CU as células T CD4+ e as células T NK segregam níveis elevados de citocinas relacionadas com Th2 (por exemplo, IL-4 e IL-13) e citocinas pró-inflamatórias associadas a Th17 (IL-17A)[198]. O desequilíbrio das citocinas pró/anti-inflamatórias contribui para a inflamação da mucosa intestinal. Estudos descobriram que algumas citocinas pró-inflamatórias (IL-12, IL-18, IL-21 e IL-23) estão significativamente aumentadas na mucosa inflamada de pacientes com DC[199-201], e que algumas citocinas inibitórias (TGF-β, IL-10, IL-25, IL-33 e IL-37) estão significativamente reduzidas. Além disso, a perda de células T reguladoras (Treg) Foxp3+ e de células CD4+ FoxP3-IL-10+ também é encontrada na mucosa inflamada de pacientes com DII, e esses eventos resultam na rutura da tolerância imunológica da mucosa intestinal e promovem ainda mais a resposta imune local da mucosa intestinal, levando à lesão da mucosa intestinal[202,203].

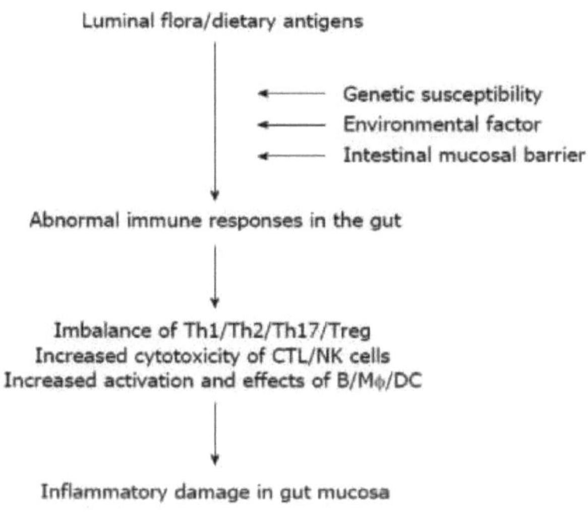

Figura 2- 3: ***Patogénese da doença inflamatória intestinal.***

2.6.5. Gene da autofagia como fator de risco para a doença inflamatória intestinal:

Meta-análises de dados de varredura de associação de todo o genoma identificaram 99 loci de risco: 71 loci associados à DC e 47 associados à CU, com 28 loci compartilhados entre os dois tipos[204,205]. É cada vez mais claro que estes factores de risco genético são componentes de vias de interação, uma vez que muitos dos genes codificados por estes loci de risco medeiam funções celulares comuns, como o reconhecimento microbiano, autofagia, sinalização de citocinas, manutenção da barreira epitelial, ativação de linfócitos, metabolismo e respostas ao stress do retículo endoplasmático[206,207].

ATG16L1 codifica uma proteína autofágica chave, que funciona como parte de um complexo com as proteínas autofágicas Atg5 e Atg12, e é responsável pela localização subcelular correta da maquinaria autofágica[117,121]. Em

Em 2007, os estudos de associação do genoma (GWAS) identificaram um polimorfismo de nucleótido único (SNP) na região de codificação do gene ATG16L1 associado a um risco acrescido de desenvolver DC (rs2241880)[8]. A variante ATG16L1 associada à doença resulta numa alteração de aminoácido de treonina para alanina na posição 300 (T300A) dentro da região WD-repeat evolutivamente conservada. Esta descoberta foi reproduzida numa série de estudos realizados na Europa e nos Estados Unidos[5,123,205,208-210]. As "mutações de perda de função" resultam na redução da produção de péptidos antimicrobianos e no aumento da invasão microbiana patogénica nas células epiteliais intestinais e na redução da ativação do NF-kB nas respostas dos monócitos e das células dendríticas [114,211,212].

2.6.6. Autophagy Pathway-Phenotype Correlations in Crohn's Disease (Correlações entre a Via Autofágica e o Fenótipo na Doença de Crohn):

Atualmente, vários estudos têm procurado correlacionar os fenótipos da DC com as variantes de risco dos genes da autofagia, numa tentativa de traduzir o conhecimento da via da autofagia para a aplicação clínica. A descoberta mais replicada a este respeito é a associação positiva das variantes ATG16L1 e do recetor M do interferão gama (IRGM) com o fenótipo da doença ileal. Juntamente com Prescott et al. que inicialmente relataram este achado para ATG16L1 numa coorte do Reino Unido[209], grupos na Austrália[213] e em Portugal[214] reconheceram esta relação, com o grupo português a mostrar também esta associação para IRGM. Da mesma forma, foi demonstrado que o transporte da variante de risco ATG16L1 se correlaciona com uma redução das manifestações extra-intestinais; no entanto, o pequeno número de doentes neste relatório pode ter sido um fator de confusão[215]. Outra associação positiva relatada foi com as variantes IRGM e a necessidade de ileocolectomia (um procedimento cirúrgico para remover o intestino delgado distal e o intestino grosso proximal afectados), no entanto, o número de doentes no estudo torna novamente difícil interpretar esta associação[216]. Vários estudos recentes tentaram definir a associação das variantes de risco do gene da autofagia com a presença de granulomas em amostras de biopsia intestinal, com resultados contraditórios. (Um granuloma é uma lesão inflamatória contendo células epitelióides, macrófagos e linfócitos, e é considerado uma das marcas patológicas da DC, no entanto a deteção na endoscopia é variável). Wolfkamp et al. numa coorte de aproximadamente 200 pacientes não demonstraram associação de granulomas com variantes de risco de DC em

ATG16L1 ou IRGM[217]. O papel do microbioma na patogénese da DC tornou-se mais proeminente nos últimos anos[218], um pequeno número de estudos teve como objetivo determinar a relação entre as variantes de risco de autofagia e os componentes microbianos. Murdoch et al. analisaram a presença de quatro anticorpos antimicrobianos estratificados por variantes associadas à DC[219]. Mostraram que, numa coorte de mais de 600 doentes com DC, o aumento da seropositividade para o anticorpo anti-Saccharomyces cerevisiae (ASCA) estava associado ao transporte da variante ATG16L1 e que a variante de risco IRGM da DC estava associada ao aumento da seropositividade anti-flagelina. Frank et al. analisaram o ADN extraído de amostras intestinais de 35 doentes com DC para determinar a composição microbiana e a sua relação com o genótipo[220]. A análise da sequência de 16S rRNA revelou que os doentes com as variantes NOD2 ou ATG16L1 tinham uma microbiota significativamente alterada, embora os autores reconhecessem que o estudo não tinha poder para determinar quaisquer efeitos específicos do género.

1.7. Monitorização da xenofagia através da deteção de LC3C:

É necessário estimar a atividade autofágica de forma precisa e (semi) quantitativa quando se estuda a autofagia na infeção e nas respostas imunitárias. Os pontos LC3-positivos são reconhecidos como marcadores promissores de autofagossomas e autolisossomas. A xenofagia é uma forma de autofagia caracterizada pela presença da terceira isoforma da proteína associada à membrana designada por LC3C[221].

Esta proteína está presente ao longo das etapas de formação e maturação da autofagia. A LC3C liga-se seletivamente a componentes microbianos durante a infeção através da proteína do complexo de ubiquitina. Após a formação do autolisossoma, as hidrolases lisossomais, incluindo catepsinas, enzimas glicolíticas lisossomais e lipases, degradam o conteúdo intra-autofágico. Neste passo, as catepsinas degradam o LC3 na superfície intra-autofagossómica[222].

Foram propostos muitos métodos para monitorizar a autofagia, incluindo o ensaio de renovação da proteína de fluorescência verde -LC3 e LC3-II, que apresentam vantagens e desvantagens[223,224]. Os métodos imuno-histológicos, como a deteção de LC3C por imunofluorescência, têm sido referidos como um marcador definitivo da xenofagia. A localização de LC3C em amostras de tecido permite a localização de punctum autofágico no interior do citoplasma apenas durante a xenofagia, uma vez que não está presente noutras formas de autofagia[225]. A quantidade de células LC3-C reflecte a atividade autofágica durante a xenofagia[226]. A presença de LC3-C a nível celular aumenta quando a xenofagia é activada, o que resulta no aumento da lipidação de LC3-A para formar LC3-C durante a formação de autofagossomas, ou a inativação do processo autofágico resulta da inibição da fusão com o lisossoma ou da inibição da degradação lisossomal[226].

1.8. Diagnóstico da doença inflamatória intestinal:

O diagnóstico de DII baseia-se numa combinação de sintomas clínicos, aspeto radiológico ou endoscópico do intestino, juntamente com histologia típica e exclusão de outras causas de inflamação intestinal[227-229]. Normalmente, o diagnóstico da DC e da CU é claro, mas em cerca de 10% dos casos não é possível fazer a distinção e utiliza-se o termo colite indeterminada. Com o tempo, os sintomas ou achados clínicos tornam-se mais claros, o que possibilita o diagnóstico diferencial entre estas duas doenças. A colonoscopia é uma ferramenta primária para o diagnóstico, uma vez que permite a visualização direta desde o reto até ao íleo terminal. Durante a endoscopia, são feitas várias biópsias de várias partes do intestino para confirmar o diagnóstico e avaliar a atividade da inflamação. A DC apresenta um padrão transmural de inflamação e os granulomas estão presentes em cerca de 50% dos casos de DC. Na histopatologia da CU, a inflamação é mais difusa e restrita às camadas da mucosa. A patologia envolve tipicamente a distorção da arquitetura das criptas e a inflamação das criptas (criptite). A proteína C-reactiva (PCR) está bem correlacionada com a inflamação profunda da parede intestinal na DC[230]. A hemorragia e a má absorção causam anemia, que pode ser devida a deficiências de ferro, folato ou vitamina B12. Os exames laboratoriais nos casos de CU ligeira e moderada são geralmente normais. As amostras de fezes para medição da calprotectina e da lactoferrina têm sido utilizadas no diagnóstico da DII desde há alguns anos[231]. No entanto, por vezes, nos casos moderados e sempre nos casos mais graves, as análises ao sangue revelam níveis elevados de reactivos de fase aguda (CRP e ESR), leucocitose, trombocitose e hipoalbuminemia. Em ambas as doenças, é necessário efetuar culturas de fezes para excluir parasitas e causas infecciosas. Embora não existam testes laboratoriais de diagnóstico específicos para a DII, a CU e a DC podem ser caracterizadas por uma expressão serológica diferente de anticorpos. Níveis elevados de anticorpos citoplasmáticos antineutrófilos perinucleares (pANCA) no soro estão fortemente correlacionados com a ocorrência de CU[232-234], enquanto a reatividade sérica a anticorpos anti-Saccharomyces *cerevisiae* (ASCA) está associada à DC[235-237]. No entanto, estes testes não separam de forma fiável as duas doenças. Têm um valor incerto em casos de colite indeterminada e não são recomendados para o diagnóstico de rotina.

1.9. Tratamento das doenças inflamatórias intestinais:

O tratamento da doença inclui medidas conservadoras, bem como abordagens cirúrgicas nos doentes que não respondem ao tratamento médico. Os objectivos terapêuticos primários estão relacionados com a melhoria da qualidade de vida do doente através da indução e manutenção da remissão, da previsão, prevenção e tratamento de complicações, da recuperação dos défices nutricionais, da prestação de apoio psicossocial adequado e da modificação do curso da doença nos doentes com doença agressiva[238].

O tratamento farmacêutico da DII inclui cinco categorias principais, nomeadamente medicamentos anti-inflamatórios, imunossupressores, agentes biológicos, antibióticos e medicamentos para alívio sintomático.

Quadro 2-3: Categorias de medicamentos estabelecidos utilizados no tratamento da doença inflamatória intestinal

Grupo de medicamentos	Drogas
Anti-inflamatório	Mesalazina Corticosteróides (prednisolona, metilprednisolona, butesonida)
Imunossupressores	Azatioprina, 6-mercaptopurina, metotrexato, ciclosporina, tacrolimus
Antibióticos	Metronidazol, ornidazol, claritromicina, rifaximina ciprofloxacina, anti-TB
Probióticos	
Produtos biológicos	Infliximab, adalimumab, certolizumab pegol

Dados de modelos animais e ensaios clínicos apoiam o envolvimento de micróbios (flora normal e/ou patogénica) na patogénese da DII. Estes dados fornecem uma justificação para a manipulação terapêutica dos micróbios pelos antibióticos. Esta actua provavelmente pela capacidade de reduzir as concentrações de bactérias luminalmente e aderentes à mucosa, de eliminar de forma selectiva as espécies bacterianas agressivas, de diminuir a invasão e a translocação dos tecidos bacterianos[239].

Capítulo 3:

3.1. Doentes e controlos:

3.1.1. Doentes:

Setenta e cinco doentes com doença inflamatória intestinal (35 com doença de Crohn e 40 com colite ulcerosa) foram recrutados nos centros de gastroenterologia de três hospitais de Bagdade: O Hospital de Ensino de Gastroenterologia e Hepatologia, o Hospital de Ensino de Bagdade e a cidade médica AlEmamain Al-Kadhemain, bem como hospitais privados no período de março de 2013 a junho de 2014. O diagnóstico de DC foi definido pela presença de uma combinação de caraterísticas estabelecidas de, pelo menos, duas das seguintes categorias: (1) clínica: doença perfurante ou fistulante, sintomas obstrutivos secundários a estenose ou estenose do intestino delgado; (2) endoscópica: ulcerações profundas lineares ou serpiginosas, úlceras discretas em mucosa de aspeto normal, empedramento de pedras, inflamação descontínua ou assimétrica; (3) radiográfica: doença segmentar (lesões em saltos), estenoses do intestino delgado ou do cólon, estenose ou fístula; e/ou (4) histopatológica: inflamação submucosa ou transmural, granulomas múltiplos, criptite focal marcada ou infiltração inflamatória crónica focal dentro e entre biópsias, ou lesões em saltos, incluindo preservação do reto na ausência de terapia local. Os indivíduos diagnosticados anteriormente ou recentemente, conforme indicado para fazer colonoscopia para completar o exame ou receber tratamentos (Inflaximab e / ou anti-inflamatórios).

3.1.2. Controlo:

Trinta e cinco indivíduos foram selecionados como controlo saudável negativo, que se apresentaram como negativos para imagens endoscópicas ou relatórios histopatológicos normais.

3.2. Amostras:

As biópsias de sangue e de tecidos foram recolhidas durante a endoscopia dos doentes e dos controlos. No caso de alguns doentes que foram à consulta para receberem medicamentos, foram colhidas amostras de sangue e, em seguida, foram obtidos blocos de parafina fixados em formalina, previamente colhidos (se encontrados), em laboratórios de histopatologia.

3.2.1. Tecidos fixados em formalina e embebidos em parafina:

De cada bloco foram retiradas 7-9 secções de todos os casos. As secções foram cortadas com 5µm de espessura. Uma secção foi preparada para hematoxilina e eosina (H & E) e foi novamente examinada por histopatologistas para confirmar todos os dados de base necessários para este estudo. As restantes secções foram colocadas em lâminas carregadas positivamente para a deteção das proteínas ATG16L1, LC3C, lisozima, IL-17A e Norovírus por imunohistoquímica e técnica de coloração imunofluorescente direta ou indireta.

3.2.2. Amostra de sangue:

Foram colhidas amostras de sangue de todos os indivíduos, de cada um dos quais foram retirados três a cinco ml por punção venosa. Em seguida, foram separadas em duas partes, uma das quais foi colocada num tubo com EDTA para extração de ADN e armazenada a -20°C. A segunda parte foi colocada em tubos com ativador de coágulos para separação do soro. O sangue era normalmente colhido quando os doentes estavam a fazer uma colheita de sangue como parte dos seus cuidados clínicos contínuos, conforme solicitado pelo seu médico supervisor ou para participação no estudo de investigação.

3.3. Recolha de dados:

Foram recolhidos dados sobre os doentes através da revisão de notas de casos e de uma folha de questionário. Estes incluem dados demográficos dos doentes, idade de início dos sintomas de DII e do diagnóstico, medicamentos, manifestações extra-intestinais e necessidade de cirurgia. Para além disso, foi utilizado o CDAI para a DC e o myoscore para a CU. Os dados foram recolhidos através de uma entrevista direta com o doente e através da consulta do seu registo hospitalar, bem como de relatórios médicos anteriores (uma cópia da folha de dados é fornecida no apêndice 1).

3.4. Estimativa serológica de pANCA, ASCA e HsCRP:

Após a separação do soro de todos os indivíduos em simultâneo, este foi dividido em alíquotas em tubos eppindorf e armazenado no congelador a -20°C.

3.4.1. Deteção de pANCA no soro:

Princípio:

A placa de microtitulação fornecida neste kit foi pré-revestida com antigénio. As amostras são pipetadas para os poços com imunoglobulina anti-humana conjugada com peroxidase de rábano. Quaisquer anticorpos específicos para o antigénio presente ligar-se-ão ao antigénio pré-revestido. Após uma lavagem para remover qualquer reagente não ligado, é adicionada uma solução de substrato aos poços e a cor desenvolve-se proporcionalmente à quantidade de anticorpo citoplasmático perinuclear anti-neutrófilo humano ligado na fase inicial. O desenvolvimento da cor é interrompido e a intensidade da cor é medida.

Conteúdo fornecido com o kit (Número de Catálogo. CSB-E04963h):

1. Placa de ensaio revestida / 1 (96 poços)
2. Controlo negativo 1 x 1 ml.
3. Controlo positivo 1x 1 ml.

4. Diluente de amostra / 1 x20 ml
5. Conjugado HRP/ 1 x 10 ml
6. Tampão de lavagem (25 x concentrado) / 1 x20 ml
7. Substrato A/ 1 x 5 ml
8. Substrato B/ 1 x 5 ml
9. Solução de paragem /1 x 5 ml
10. Tiras adesivas (para 96 poços) 4.

Procedimento de ensaio:

11. Adicionar cem microlitros de calibradores e amostras diluídas (diluição de 101 vezes) por poço. Incubar durante 30 minutos a 37°C.
12. Deitar fora a solução e enxaguar 5 vezes com solução de lavagem 1x (enchendo cada poço com 300µl de tampão de lavagem). A placa foi invertida de cada vez e o conteúdo foi decantado; bater 4-5 vezes numa toalha de papel absorvente para remover completamente o líquido.
13. Adicionaram-se cem microlitros de reagente conjugado HRP por poço (não o branco) e incubou-se durante 30 minutos a 37°C. A solução foi eliminada e, em seguida, lavou-se a microplaca.
14. Colocar 50 microlitros de substrato A e 50µl de substrato B em cada poço. Incubar durante 10 minutos a 37°C no escuro.
15. Foram adicionados 50 microlitros de solução de paragem a cada poço. A cor mudou de azul para amarelo. A absorvância num leitor de microplacas foi lida imediatamente a um comprimento de onda de 450 nm.
16. Para calcular os resultados do anticorpo anti-neutrófilo citoplasmático perinuclear humano (pANCA), comparar o poço da amostra com o controlo.

Se a DO for negativa 0,1, calcula-se como 0,1.

Enquanto que a DO amostra/DO negativo 2.1: Positivo

Enquanto que a DO amostra/DO negativo 2.1: Negativo.

3.4.2. Deteção de ASCA (IgG) no soro

Princípio:

A placa de microtítulo fornecida neste kit foi pré-revestida com antigénio específico. As amostras são então adicionadas aos poços apropriados da placa de microtítulo e incubadas. Em seguida, adicionar a cada poço IgG anti-humana conjugada com peroxidase de rábano e incubar. Por fim, adicionam-se soluções de substrato a cada poço. A reação enzima - substrato é terminada pela adição de uma solução de ácido sulfúrico e a mudança de cor é medida por espetrofotómetro a um comprimento de onda de 450nm. Calcular a valência do anticorpo humano anti-saccharomyces *cerevisiae* (IgG) nas amostras.

Conteúdo fornecido com o kit (Número de catálogo: CSB-E09556h):

1. Placa de ensaio (1).
2. Diluente de amostras (2 x 20).
3. Conjugado HRP 1 x 120μl.
4. Diluente do conjugado HRP (1 x 20ml)
5. Tampão de lavagem (1 x 20 ml, concentrado 25x)
6. Substrato TMB (1 x 10ml)
7. Solução de paragem (1 x 10ml)
8. Controlo positivo 1 x 800μl.
9. Controlo negativo 1 x 800μl.

Procedimento de ensaio:

1. Adicionar cem microlitros de controlo positivo, controlo negativo e amostras por poço. Incubar durante 60 minutos a 37°C.
2. Rejeitar a solução e enxaguar 3 vezes com solução de lavagem 1x. Lavar enchendo cada poço com tampão de lavagem (200μl). Inverter a placa de cada vez e decantar o conteúdo; bater 4-5 vezes numa toalha de papel absorvente para remover completamente o líquido.
3. Adicionaram-se cem μl de solução de trabalho de conjugado HRP a cada poço e incubou-se durante 30 minutos a 37°C, tendo-se depois lavado a microplaca cinco vezes, como descrito acima.
4. Adicionar 90 microlitros de reagente de substrato de uma fase TMB a cada poço. Incubar durante 20 minutos a 37°C. No escuro.
5. Foram adicionados 50 microlitros de solução de paragem a cada poço.
6. A absorvância num leitor de microplacas foi lida a um comprimento de onda de 450 nm
7. Para calcular os resultados do anticorpo anti-sacchromyces *cerevisiae* (IgG), comparar o poço da amostra com o controlo. DO amostra/DO negativo

2.1: Positivo Enquanto que DO amostra/DO negativo 2.1: Negativo.

3.4.3. Deteção da proteína C reactiva de alta sensibilidade no soro

Princípio:

Este ensaio utiliza a técnica quantitativa de imunoensaio enzimático em sanduíche. O anticorpo específico para a PCR foi pré-revestido numa microplaca. Os padrões e as amostras são pipetados para os poços e qualquer PCR presente é ligada ao anticorpo imobilizado. Após a remoção de quaisquer substâncias não ligadas, é adicionado aos poços um anticorpo conjugado com peroxidase de rábano (HRP) específico para a PCR. Após uma lavagem para remover qualquer reagente não ligado, é adicionada uma solução de substrato aos poços e a cor desenvolve-se proporcionalmente à quantidade de CRP ligada no passo inicial. O desenvolvimento da cor é interrompido e a intensidade da cor é medida.

Conteúdo fornecido com o kit (CSB-E08617h):

Reagentes	Quantidade
Placa de ensaio (12 x 8 micropoços revestidos)	2(96 poços)
Padrão (liofilizado)	2x2
Conjugado HRP (100 x concentrado)	2x120µl
Diluente do conjugado HRP	2 x 20 ml
Diluente de amostra	4 x 20ml
Tampão de lavagem (25 x concentrado)	2 x 20 ml
Substrato TMB	2 x 10 ml
Solução de paragem	2 x 10 ml

Procedimento de ensaio:

1. Pipetaram-se cem microlitros de padrão e de amostras para os poços revestidos com anticorpos hs-CRP adequados. Incubar durante 60 minutos a 37°C.

2. Rejeitar a solução e enxaguar 3 vezes com solução de lavagem 1x. Lavar enchendo cada poço com tampão de lavagem (200µl). Inverter a placa de cada vez e decantar o conteúdo; bater 4-5 vezes numa toalha de papel absorvente para remover completamente o líquido.

3. Foram adicionados cem microlitros de conjugado HRP a cada poço e incubados durante 60 minutos a 37°C, sendo depois a microplaca lavada conforme descrito acima.

4. Foram adicionados 90 microlitros de TMB por poço e incubados durante 20 minutos a 37°C. Proteger da luz.

5. Foram adicionados 50 microlitros de solução de paragem a cada poço. A cor mudou de azul para amarelo. A absorvância num leitor de microplacas foi lida imediatamente a um comprimento de onda de 450 nm. Os resultados são calculados por interpolação a partir da curva padrão, construída no mesmo ensaio que a amostra. A absorvância de cada amostra no eixo vertical foi localizada e a concentração correspondente de PCR-as no eixo horizontal foi lida.

3.5. Deteção imunohistoquímica de ATG16L1:

3.5.1. Princípio do teste

Esta técnica baseia-se na deteção do produto da expressão do gene ATG16L1 (proteína) na DII e em tecidos normais, utilizando anticorpos monoclonais específicos anti-humanos ATG16L1 de coelho, que se ligam a um epítopo específico na proteína visada. O anticorpo primário ligado é depois detectado por um anticorpo secundário (anti-coelho) conjugado com biotina. O anticorpo secundário é depois detectado por estreptavidina conjugada com peroxidase de rabanete que catalisa o substrato H2O2 em oxigénio livre e água (H_2O). O oxigénio livre oxida então a 3, 3'-diaminobenzidina (DAB), formando um precipitado castanho-escuro. Uma reação positiva será indicada como um precipitado de cor castanha no local do antigénio no tecido testado.

3.5.2. Materiais

Os materiais utilizados neste estudo foram manuseados, armazenados, diluídos e processados de acordo com as instruções do fabricante.

1. Anticorpo primário: Anti- Autophagy Related 16-Like 1 (cat. n.º ABIN752446).
2. Kit de deteção imunohistoquímica Dako LSAB+ System-HRP:

4- Código K0679, 15 ml.

5- Utilização prevista: Kit universal Dako LSAB®+, Peroxidase (Kit LSAB+, HRP) para utilização com anticorpos primários de coelho, rato e cabra fornecidos pelo utilizador.

6- Este kit contém:

a) Bloqueio da peroxidase: 3% de peróxido de hidrogénio em água.

b) Ligação biotinilada: Anti-coelho e anti-rato biotinilados em solução salina tamponada com fosfato (PBS) contendo azida sódica.

c) Estreptavidina-HRP: Estreptavidina conjugada com peroxidase de rábano em PBS contendo proteína estabilizadora e um agente antimicrobiano.

d) Cromogénio DAB: solução de cromogénio de 3,3'-diaminobenzidina (DAB).

e) Tampão do substrato DAB: Solução de substrato tamponada, pH 7,5, contendo peróxido de hidrogénio e um conservante.

7- Solução de recuperação de antigénio 10X: Código S1699, pH 6 (Dako).

8- Diluente de anticorpos.

9- Bloco de proteínas.

10- Forno ou incubadora, 37°C - 45°C.

11- Lâminas de microscópio com carga positiva e lamelas.

12- Tampão de lavagem 10x Código S3006 (Dako).

13- Frascos de Coplin.

14- H2O destilada ou desionizada.

15- Prateleiras de coloração.

16- Microscópio de luz.

17- Tween20 (Oxoid, Inglaterra)

18- Comprimidos de tampão fosfato salino (PBS) (BDH, Inglaterra)

19- Micro-ondas.

20- Micropipetas ajustáveis.

21- Câmara de humidade.

22- Xileno.

23- Etanol.

24- Toalhetes absorventes.

25- Tubos Eppendorff.

26- DPX (Dako).

27- Suporte de diapositivos.

28- Papel de seda.

29- Luvas.

30- Parafilme.

31- Cilindros graduados.

32- Hematoxilina de Mayer, código S3309, pronta a usar (Dako).

33- Temporizador.

34- Fórceps.

3.5.3. Procedimento imunohistoquímico:

Etapas de pré-coloração:

Estas etapas incluem a preparação de lâminas para as etapas de coloração, o que pode ser efectuado através das seguintes etapas:

A. **Preparação das lâminas:** As secções embebidas em parafina foram cortadas com 5 µm de espessura, depois as secções foram transportadas por lâminas adesivas carregadas positivamente, as secções foram deixadas a secar para facilitar a adesão entre a secção e a superfície de vidro carregada.

B. **Desparafinização e reidratação:** esta etapa envolve:

I. As secções embebidas em parafina foram colocadas numa estufa de ar quente a 65°C durante a noite.

II. A desparafinização foi efectuada através da imersão das lâminas em xileno durante 5 minutos e depois em xileno fresco durante 5 minutos.

III. A reidratação da secção de tecido é efectuada através da imersão das lâminas em diluições sequenciais de etanol, pela seguinte ordem

IV. Etanol absoluto durante 5 minutos.

V. . Etanol a 95% durante 5 minutos.

VI. . Etanol a 90% durante 5 minutos.

VII. Etanol a 70% durante 5 minutos.

VIII. Etanol a 50% durante 5 minutos.

IX. Água destilada durante 5 minutos.

C. Pré-tratamento de secções de tecido por recuperação de antigénio induzida pelo calor:

A fixação rotineira com formaldeído e o resto do procedimento de inclusão em parafina alteram a conformação da macromolécula proteica. A recuperação do antigénio conduz a uma renaturação ou, pelo menos, a uma restauração parcial da estrutura da proteína, com o restabelecimento da estrutura tridimensional da proteína para algo próximo do seu estado nativo. Para obter os melhores resultados, o desmascaramento de epítopos é frequentemente efectuado por recuperação de epítopos induzida pelo calor Recuperação de antigénios induzida pelo calor (HIER). As lâminas foram colocadas num frasco com a solução de recuperação de antigénios e fervidas durante 15 minutos; depois de aquecer a solução de recuperação de antigénios durante 20 minutos, as lâminas foram retiradas da solução e colocadas num frasco com TBS durante 5 minutos; em seguida, as lâminas foram escorridas e colocadas suavemente sobre um pano.

D. Bloco de peroxidase: Lâmina rodeada com caneta Pap. A peroxidase foi aplicada para cobrir o tecido e incubada durante 20 minutos. Em seguida, as lâminas foram lavadas com água destilada, escorridas e secas com papel absorvente.

E. Bloqueio proteico da ligação não específica do anticorpo primário:

Antes de adicionar os anticorpos monoclonais primários, as lâminas estavam prontas para o bloqueio de proteínas sem soro (Dako, Dinamarca) (prontas a utilizar), para bloquear o recetor Fc endógeno, incubar as secções durante 20 minutos para evitar qualquer ligação inespecífica do anticorpo primário (região FC) com a secção de tecido, o que evita resultados falsos positivos.

Etapas de imunocoloração: estas etapas de interação específica entre anticorpos primários reagem com o antigénio alvo e terminam com a designação colorida do alvo:

1) Foram colocados 50 µl de anticorpo primário na secção de tecido e incubados durante 1 hora a 37°C em câmara húmida. Após a incubação, as lâminas foram escorridas e secas suavemente. Em seguida, as lâminas foram colocadas num banho de tampão de lavagem durante 5 minutos, duas vezes, escorridas e secas suavemente.

2) Cinquenta µl da ligação biotinilada (anticorpo secundário) aplicados nas secções e, em seguida, as lâminas colocadas na câmara húmida e incubadas a 37°C durante 30 minutos. As lâminas são enxaguadas e colocadas num banho de tampão de lavagem, tal como antes, o excesso de tampão é drenado e as lâminas são suavemente secas.

3) Foram colocados 50 µl de conjugado Streptavidin-HRP na secção de tecido e incubados durante 30 minutos a 37°C em câmara húmida, depois as lâminas foram colocadas num banho de tampão de lavagem durante 5 minutos, escorridas e manchadas suavemente.

4) Cinquenta µl do cromogénio do substrato DAB foram colocados na secção de tecido e incubados durante 10 minutos a 37°C em câmara húmida e, em seguida, as lâminas foram lavadas em água destilada, escorridas e secas suavemente.

5) Contracoloração: as lâminas foram imersas num banho de hematoxilina de Mayer durante 1 minuto. As lâminas foram lavadas três vezes em água destilada, durante 1 minuto cada; em seguida, foram escorridas e secas suavemente.

Etapas pós-coloração: incluem a preparação de lâminas coradas para exame microscópico:

6) As lâminas foram desidratadas, colocando-as em frascos contendo etanol e xileno, pela seguinte ordem:

a) Etanol a 50% durante 5 minutos.

b) Etanol a 70% durante 5 minutos.

c) Etanol a 90% durante 5 minutos.

d) Etanol absoluto durante 5 minutos.

e) Xileno durante 5 minutos.

f) Xileno fresco durante 5 minutos

7) Colocou-se uma gota de meio de montagem na secção e a secção de tecido foi rapidamente coberta com uma lamela e as lâminas foram deixadas a secar.

Foi incluído um controlo negativo para cada série de imunohistoquímica. Não se permitiu que as lâminas secassem em qualquer fase da imunocoloração.

3.5.4. Avaliação da imunomarcação:

Avaliação dos resultados de IHC para ATG16L1 efectuada por microscópio ótico (Genex 20, América). Os resultados típicos da coloração imunoquímica foram encontrados nas criptas de Lieberkuhn, onde estão localizadas as células de Paneth, células epiteliais e células inflamatórias da lâmina própria (linfócitos, granulócitos, monócitos e macrófagos). Todos os resultados foram contabilizados como uma percentagem relativa de células positivas coradas com cor castanha escura em relação à contagem total[8].

3.6. Deteção por Imunofluorescência de LC3C, lisozima, IL-17A, proteína do capsídeo do Norovírus em Secções de Tecido:

A técnica de coloração por imunofluorescência é o método de coloração imuno-histológica utilizado para a localização de antigénios (proteínas) em secções de tecido, com a vantagem de utilizar anticorpos primários marcados com fluorescência (método direto) ou de utilizar anticorpos secundários marcados com fluorescência quando utilizamos anticorpos primários não conjugados. A emissão de fluorescência é visualizada por um microscópio fluorescente após a energia de excitação da luz ultra-violenta para visualizar a localização dos anticorpos ligados.

3.6.1. Materiais:

***Equipamento e material de vidro utilizados*:**

- Toalhetes absorventes
- Tubos Eppendrof (500 e 2000 μl)
- Microscópio fluorescente (Olympus, BH2)
- Luvas
- Cilindros graduados (50, 250 e 1000 ml)
- Forno de ar quente (Memert, Alemanha)
- Incubadora (Memert, Alemanha)
- Câmara húmida feita localmente a câmara húmida (absolutamente horizontal, mantém a humidade sem secar).
- Micropipeta de 10, 200, 1000 μl de tipo e pontas ajustáveis (Eppendrof, Alemanha)
- Lâminas microscópicas carregadas positivamente (Fisher Scientific, EUA).
- Lamelas Lamelas de cobertura
- Suporte de lâminas
- Frasco de coloração padrão

- Termómetro e temporizador
- Frasco de lavagem.
- Banho-maria (schwabach FRG-Alemanha) e aquecedor para recuperação de antigénio.

3.6.2. É necessário mais reagente para a coloração por imunofluorescência:

- Etanol absoluto (Sharlu, Espanha).
- Soluções-alvo de recuperação de antigénio (solução tampão de citrato pH 6).
- Diluente de anticorpos comuns (PBS pH=7,2-7,4, BSA 1% e Triton X100 0,5%).
- Comprimidos de solução salina tamponada com fosfato (1 comprimido dissolvido em 500 ml).
- Bloco de proteínas sem soro (pronto a usar( )DAkO, Dinamarca)
- Tampão de lavagem Tris HCL (TBS)
- Xileno (Analar, Inglaterra)
- Água desionizada destilada e água destilada

3.6.3. Preparação dos reagentes:

1. Solução 1X de PBS pH 7,4: preparada dissolvendo 1 pacote de PBS em 1000 ml de água destilada e desionizada.
2. Tampão de lavagem TBS 1X preparado de fresco, diluindo 1 ml de solução TBS 10X em 9 ml de água destilada.
3. Para preparar concentrações de etanol de 95%, 90%, 70% e 50%, o etanol absoluto foi diluído em água destilada em conformidade.
4. Solução tampão de citrato: foi preparada dissolvendo 2,603 g de citrato tri-sódico (BDH chemicals Ltd Poole England). Em 885 ml de água destilada, misturados com 0,241 g de ácido cítrico dissolvidos em 115 ml de água destilada. pH: 6 da solução ajustado pela adição de algumas gotas de ácido HCL e determinado por um medidor de pH.

3.6.4. Métodos:

Etapas de pré-coloração:

Estas etapas incluem a preparação de lâminas para as etapas de coloração (o anticorpo primário reage com o antigénio alvo), o que pode ser conseguido através das seguintes etapas:

A. Preparação das lâminas: As secções embebidas em parafina foram cortadas com 5 µm de espessura, depois as secções foram transportadas por lâminas adesivas carregadas positivamente, as secções foram deixadas a secar para facilitar a adesão entre a secção e a superfície de vidro carregada.

B. **Desparafinização e reidratação:** esta etapa envolve:

I. As secções embebidas em parafina foram colocadas numa estufa de ar quente a 65°C durante a noite.

II. A desparafinização foi efectuada através da imersão das lâminas em xileno durante 5 minutos e depois em xileno fresco durante 5 minutos.

III. A reidratação da secção de tecido é efectuada através da imersão das lâminas em diluições sequenciais de etanol, pela seguinte ordem

IV. Etanol absoluto durante 5 minutos

V. . Etanol a 95% durante 5 minutos

VI. . Etanol a 90% durante 5 minutos

VII. Etanol a 70% durante 5 minutos

VIII. Etanol a 50% durante 5 minutos

IX. Água destilada durante 5 minutos.

C. **Pré-tratamento de secções de tecido por recuperação de antigénio induzida pelo calor:**

A fixação rotineira com formaldeído e o resto do procedimento de inclusão em parafina alteram a conformação da macromolécula proteica. A recuperação do antigénio conduz a uma renaturação ou, pelo menos, a uma restauração parcial da estrutura da proteína, com o restabelecimento da estrutura tridimensional da proteína para algo próximo do seu estado nativo. Para obter os melhores resultados, o desmascaramento de epítopos é frequentemente efectuado por recuperação de epítopos induzida pelo calor Recuperação de epítopos induzida pelo calor (HIER). As lâminas foram colocadas num frasco com a solução de recuperação de antigénios e fervidas durante 15 minutos; depois de aquecer a solução de recuperação de antigénios durante 20 minutos, as lâminas foram retiradas da solução e colocadas num frasco com TBS durante 5 minutos; em seguida, as lâminas foram escorridas e colocadas suavemente sobre um pano.

D. **Bloqueio proteico da ligação não específica do anticorpo primário:** Antes de adicionar os anticorpos monoclonais primários , as lâminas estavam prontas para o bloqueio de proteínas (Dako, Dinamarca) (prontas a utilizar), para bloquear o recetor Fc endógeno, incubar as secções durante 20 minutos para evitar qualquer ligação inespecífica do anticorpo primário (região FC) com a secção de tecido, o que evita resultados falsos positivos.

Etapas de imunocoloração: incluem etapas simples (diretas) ou múltiplas (indirectas) para procedimentos de coloração por imunofluorescência:

- **Coloração direta por imunofluorescência de LC3C, lisozima e Interluekin-17A:**

Os anticorpos primários de coelho anti-humano (LC3C, lisozima e Interluekin-17A) (reagem diretamente com o antigénio no tecido) foram marcados com fluorocromos, 50 µl do anticorpo primário diluído (1:100) foram aplicados nas secções e as lâminas foram colocadas na câmara húmida e incubadas a 37°C durante 1 hora. Depois disso, as lâminas foram lavadas suavemente com TBS e depois colocadas num banho de TBS fresco durante 5 minutos. O excesso de tampão foi imediatamente retirado e as lâminas foram escorridas e secas suavemente.

- Coloração por imunofluorescência indireta de Norovírus e *H. pylori*:

Os anticorpos primários de coelho (anti-proteína capsidial VP1 e anti-H. pylori) foram diluídos (1:100) e 50 µl de cada um foram aplicados nas secções e nas lâminas, colocadas na câmara húmida e incubadas a 37°C durante 1 hora. Depois disso, as lâminas foram lavadas suavemente com TBS e colocadas num banho de TBS fresco durante 5 minutos. O excesso de tampão foi imediatamente retirado e as lâminas foram escorridas e secas suavemente. Anticorpo secundário anti-coelho de cabra marcado com isotiocianato de fluorescência, utilizado para conjugar a proteína primária VP1 anti-cápside de coelho e anti-H. *pylori* de coelho. Foram aplicados 50 µl do (anticorpo secundário) nas secções e, em seguida, as lâminas foram colocadas na câmara húmida e incubadas a 37°C durante 1 hora. Depois disso, as lâminas foram enxaguadas e colocadas num banho de TBS, como anteriormente, e o excesso de tampão foi drenado e seccionado suavemente, como anteriormente.

Passos após a coloração:

Após o procedimento de coloração, as lâminas devem ser preparadas para exame:

- **Desidratação das secções de tecido:** As lâminas foram lavadas em água destilada durante cinco minutos e desidratadas, colocando-as em frascos com etanol diluído e xileno fresco, por ordem crescente:

a. Etanol a 50% durante 3 minutos.

b. Etanol a 70% durante 3 minutos.

c. Etanol a 95% durante 3 minutos.

d. Etanol absoluto durante 5 minutos.

e. Xileno fresco durante 5 minutos.

- Montagem e conservação do material de fluorescência: Colocar em cada lâmina duas gotas de meio de montagem [(nove partes de glicerol para uma parte de tampão carbonato 0,2M, pH=9) para aumentar a fluorescência e retardar o desvanecimento por exposição à luz UV)][240] . Em seguida, as lamelas de cobertura foram colocadas lentamente para evitar a formação de bolhas; as lamelas de cobertura podem ser seladas nos bordos com verniz transparente para unhas. As lâminas foram examinadas ao microscópio fluorescente com uma ampliação de 400x.

3.6.5. Avaliação da imunomarcação:

A fluorescência marca os anticorpos, o que constitui uma técnica poderosa para localizar estruturas no interior dos tecidos, células ou compartimentos subcelulares. Os resultados típicos da coloração imunoquímica restringem-se à parte inferior das criptas de Lieberkuhn, onde se encontram as células de Paneth, as células epiteliais e as células inflamatórias da lâmina própria, predominantemente linfócitos, granulócitos, monócitos e macrófagos. Todos os resultados foram contabilizados como uma percentagem relativa de células positivas que emitiam um corante fluorescente em relação à contagem total dos três compartimentos celulares[145,241,242].

3.7. Reação em cadeia da polimerase com iniciadores de sequência específica para Genotipagem ATG16L1 Thr300Ala:

As variantes alélicas específicas são detectadas como tipo selvagem ou gene mutante com a reação em cadeia da polimerase com iniciador específico da sequência (SSP-PCR):

3.7.1. Isolamento do ADN genómico do sangue total:

O ADN foi extraído de 300µl de sangue periférico (PB) utilizando o kit de isolamento de ADN Wizard® (Promega, EUA) de acordo com as informações do fabricante, com algumas modificações.

Conteúdo do kit:

O Wizard® Genomic DNA Purification Kit 100 isolations (Número de catálogo: A1120) contém reagentes suficientes para 100 isolamentos de ADN genómico a partir de 300µl de amostras de sangue total. Inclui:

1. 100 ml de solução de lise celular
2. 50 ml de solução de lise de núcleos
3. 25 ml de solução de precipitação de proteínas
4. 50 ml de solução de re-hidratação de ADN

5. 250µl de solução de RNase A

Materiais a fornecer pelo utilizador

6. Tubos de microcentrifugação estéreis de 1,5 ml.
7. Banho-maria, 37°C
8. Isopropanol, temperatura ambiente
9. Etanol a 70%, temperatura ambiente
10. Banho de água, 65°C (opcional; para re-hidratação rápida do ADN)

Método:

11. A 300 µl de PB, foram adicionados 900 µl de solução de lisado celular a um tubo de microcentrifugação estéril de 1,5 ml, pipetado durante 10 segundos, incubado durante 10 minutos juntamente com a inversão do tubo 5-6 vezes, depois centrifugado a 15000 rpm durante 20 segundos.
12. O sobrenadante foi removido tanto quanto possível. Em seguida, adicionaram-se 300 µl de solução de lise de núcleos ao pellet ressuspenso e a mistura foi incubada durante 45 minutos a 37 °C até os aglomerados serem desfeitos.
13. A solução de precipitação de proteínas (100µl) foi adicionada ao lisado nuclear, misturada em vórtex durante 10-20 segundos e centrifugada a 15000 rpm durante 3 minutos até ser visível um pellet de proteínas castanho-escuro.
14. O sobrenadante foi transferido para um tubo eppendroff limpo. Foram adicionados dois volumes de isopropanol à temperatura ambiente. A solução foi misturada suavemente por inversão até se observarem os filamentos brancos de ADN e depois centrifugada a 15000 rpm durante 1 minuto.
15. Decantar o sobrenadante e adicionar ao ADN um volume de amostra de etanol a 70% à temperatura ambiente. Inverter suavemente o tubo várias vezes para lavar o sedimento de ADN e os lados do tubo de microcentrifugação.
16. O etanol foi cuidadosamente removido. Adicionou-se µl de solução de re-hidratação do ADN (5075) ao sedimento de ADN e o ADN dissolvido foi armazenado a - 20°C.

3.7.2. Genotipagem de T300A ATG16L1 utilizando a sequência Reação em cadeia da polimerase com iniciador específico (SSP-PCR)

Princípio:

As mutações de substituição da Adinina por Guanina resultam na substituição da Alanina por Thrionina (dbSNP: rs2241880) do gene ATG16L1 no cromossoma 2 na posição 37.1. A discriminação alélica foi verificada por SSP-PCR. O ADN dos indivíduos dos grupos de estudo foi amplificado utilizando dois iniciadores específicos da sequência, bem como dois iniciadores de controlo interno em três misturas de reação separadas, para obter produtos de PCR de 201 pb em reação positiva para o alelo A e o alelo G, permitindo a discriminação de alelos homozigóticos ou heterozigóticos[243].

Materiais

1- Primers específicos da sequência (SSP) e primers de controlo interno (IC), como descrito abaixo:

Gene	Cartilha	Sequência	Posição genómica	Tamanho do amplicon (bp)
ATG16L1 (T300A)	Alelo anterior A	5'TCCCAGGACAATGTGGATA'3	2q37.1	201
	Alelo anterior G	5'TCCCAGGACAATGTGGATG'3		
	Inverter	5 "AGGTGGAAAGGCTTGATATAAG"3		
β-globina	Avançar	5'ACACAACTGTGTTCACTAGC'3	11p15.5	157
	Inverter	5'TAAAATAGACCAATAGGCAG'3		

2- *AccuPower® Taq* PCR PreMix (Bioneer, Coreia) contém o seguinte:

Componente	20µl de reação
Taq DNA polimerase	1 U
dNTPs (dATP, dCTP, dGTP e dTTP)	Cada 250 µM
Tampão de reação, (com 1,5 mM MgCl2)	1 X
Estabilizador e corante de rastreio	Traço

3- Água distal duplamente desionizada (ddH2O) (Promega, EUA).

Método

1- Foram realizadas três reacções de PCR para cada amostra, uma para o controlo interno, a segunda para o alelo A e a terceira para o alelo G.

2- Para cada reação em cada tubo de reação de PCR pré-misturado, foram adicionados 0,25µl (20-25 pmol) de cada iniciador direto e iniciador inverso.

3- Foram adicionados dois micro litros (equivalentes a 50-100ng) de ADN a cada tubo de reação.

4- Completar o volume total para 20µl com água isenta de DNAse e RNAse e, em seguida, rodar e agitar em vórtice para assegurar a dissolução de todos os componentes.

5- Os tubos de reação de PCR foram transferidos para um termociclador (eppendroff-thermal cycler, Alemanha), que foi programado como se segue em (separate PCR-runs-for mutation detection):

Temperatura	Tempo	Repetir
96°C	Iminutos	X1
(96 ° C 20s, 72 ° C)	1min 10s	X5
96 ° C 69 ° C 72 ° C	25s 50s 30s	X21
96 ° C 59 ° C 72 ° C	30s 1 min 1 min, 30s	X4

Os produtos da PCR foram electroforizados em gel de agarose a 2%.

3.7.3. Eletroforese em gel de agarose (Sambrook *et al.*, 1989)

Equipamentos

-Tanque, tabuleiro e pente (Consort-Alemanha).

-Fonte de alimentação (Consort - Alemanha).

-Câmara digital (Sony - Japão).

-Pipetas ajustáveis (Eppendroff - Alemanha).

-Placa de aquecimento com agitador magnético (Rod well - Inglaterra).

- Transiluminador ultra-violáceo (Vilber - França)

Materiais

-Agarose (Sigma, EUA).

- Tampão Tris-base-ácido bórico-EDTA (TBE) (solução-mãe 10X), pronto a utilizar (Promega, EUA).

- Marcador de peso molecular - Escada de ADN (Promega, EUA) - Brometo de etídio (10mg/ml) pronto a utilizar (Promega, EUA).

Método

1-Para preparar 2% de gel de agarose, dissolveram-se 2 g de agarose em 100 ml de tampão TBE 1X e colocou-se a mistura numa placa de aquecimento com agitação magnética até à ebulição para dissolver completamente a agarose.

2- A mistura foi deixada arrefecer até cerca de 55°C. Em seguida, adicionou-se 5 µl de solução de brometo de etídio, misturou-se bem, verteu-se para um tabuleiro selado e deixou-se solidificar.

3- Após a solidificação (cerca de 30-60 minutos a 25° C), o pente e a fita foram retirados e o gel foi colocado num tanque cheio com tampão TBE 1X.

4- O produto da reação de PCR (10 µl) foi colocado no poço do gel, tendo o marcador de ADN sido preparado de acordo com as informações do fabricante e colocado.

4-A eletroforese foi efectuada durante 60 minutos a 3V/Cm e depois examinada no transiluminador ultra-violáceo. Foi tirada uma fotografia digital para documentação dos resultados.

3.8. Análise estatística

A análise estatística deste estudo de caso controlado foi efectuada com recurso ao Statistical Package for Social Sciences (SPSS) 19.0 e ao Microsoft Excel 2013. Os dados categóricos foram formulados como contagem e percentagem. O teste do qui-quadrado foi utilizado para descrever a associação destes dados. Alternativamente, o teste exato de Fisher foi usado se houver 25% de células a menos do que a contagem esperada. Os dados numéricos foram descritos como média e desvio padrão. O teste t de amostras independentes foi utilizado para a comparação entre dois grupos, enquanto a análise de variância (ANOVA) foi utilizada para a comparação entre mais de dois grupos. O nível inferior de diferença estatística significativa aceite é inferior ou igual a 0,05.

Foram utilizados rácios ímpares e intervalos de confiança para avaliar o risco ou o efeito benéfico do fator estudado entre grupos[244].

A sensibilidade, a especificidade, o valor preditivo positivo e o valor preditivo negativo têm sido utilizados para avaliar a exatidão do diagnóstico do teste aplicado[24]

Capítulo 4:

4.1. Caraterísticas dos doentes com doença inflamatória intestinal e dos controlos:

4.1.1. Tipo de idade e género:

Este estudo de caso-controlo incluiu 75 doentes iraquianos com doença inflamatória intestinal, 35 com doença de Crohn (DC) com uma idade média de 38,26±1,49 anos e 40 com colite ulcerosa (CU) com uma idade média de 34,00±1,80 anos, para além de indivíduos com achados colonoscópicos normais que foram considerados como grupo de controlo saudável (HC) com uma idade média de 37,11±1,24 anos. Com base no teste ANOVA, não houve diferença estatisticamente significativa (p=0,154) na média de idade entre os três grupos.

A descrição do tipo de género destes grupos de estudo foi apresentada na tabela 4-1. Na DC havia 21/35 (60%) do sexo feminino e 14/35 (40%) do sexo masculino, enquanto na CU havia 26/40 (65%) do sexo feminino e 15/40 (35%) do sexo masculino. No grupo HC havia 20/35 (57,14%) do sexo feminino e 15/35 (42,86%) do sexo masculino. O teste do Qui-quadrado revela que não houve diferença estatística no tipo de género entre os grupos de estudo (p=0,778). O rácio entre mulheres e homens foi de 1,5:1 e 1,88:1 na DC e na CU, respetivamente.

Tabela 4- 1: Caraterísticas demográficas dos grupos de estudo.

	HC (n=35)	CD (n=35)	UC (n=40)	Valor P
Tipo de género				
Feminino	20 (57.14%)	21 (60.00%)	26 (65.00%)	0,778NS
Masculino	15 (42.86%)	14 (40.00%)	14 (35.00%)	
Rácio feminino/masculino	1.33:1	1.5:1	1.88:1	
Idade (ano)				
Média±SE*	37.11±1.24	38.26±1.49	34.00±1.80	0,154NS
Mediana	37.00	38.00	31.00	
Gama	34.00	32.00	42.00	

* SE, Erro Padrão da Média. NS= Sem diferença estatística significativa (p>0,05).

4.1.2. Classificações de doenças e fenótipo clínico:

Os doentes com DII foram diagnosticados por critérios clínicos, endoscópicos, histológicos e radiológicos padrão. De acordo com a classificação da doença de Montreal, tanto a DC como a CU foram classificadas em diferentes fenótipos da doença. Os doentes com DC foram classificados de acordo com a idade ao diagnóstico, 3 (8,57%) foram diagnosticados com menos de 16 anos, 23 (65,71%) foram diagnosticados entre os 17-40 anos e apenas 9 (25,71%) tinham mais de 40 anos. De acordo com o comportamento da doença, os fenótipos de doença inflamatória foram 8 (22,86%), estenosante 9 (25,71%) e penetrante 18 (51,43%). De acordo com a localização da doença, 4 doentes (11,43%) tinham doença ileal, 19 (54,29%) eram colónicos e os restantes 12 (34,29%) eram ileocolónicos. Entre os doentes com DC, 18 (51,4%) têm manifestações extra-intestinais e 17 (48,6%) destinavam-se a operações cirúrgicas. Relativamente à classificação da localização da doença de CU, 11 (27,5%) tinham proctite, 19 (47,5%) colite do lado esquerdo e 10 (25%) colite extensa.

Tabela 4-2: Classificação de Montreal dos doentes com DII e variáveis clínicas.

		CD	UC
Idade no momento do diagnóstico	A1: Com menos de 16 anos	3 (8.57%)	
	A2: 17-40 anos de idade	23 (65.71%)	
	A3: Mais de 40 anos	9 (25.71%)	
	Total	35 (100%)	
Comportamento da doença	B1: Inflamatório	8 (22.86%)	
	B2: Estenosante	9 (25.71%)	
	B3: Penetração	18 (51.43%)	
	Total	35 (100%)	
Localização da doença de Crohn	L1: Ileal	4 (11.43%)	
	L2: Cólon	19 (54.29%)	
	L3: Ileocolónica	12 (34.29%)	
	Total	35 (100%)	
Localização da doença da colite ulcerosa	E1: proctite ulcerosa		11 (27.5%)
	E2: Lado esquerdo (UC)		19 (47.5%)
	E3: Colite extensa		10 (25%)
	Total		40 (100%)
Presença de manifestações extra-intestinais na DC	Não	17 (48.6%)	
	Sim	18 (51.4%)	
Necessidade de cirurgia na DC	Não	18 (51.4%)	
	Sim	17 (48.6%)	

4.1.3. Estimativa serológica da positividade de ASCA e p-ANCA nos grupos de estudo

O teste ASCA foi realizado em 75 doentes com DII (35 com DC e 40 com CU) e 40 controlos. Neste estudo, 27 de 35 (77,14%) doentes com DC apresentaram resultados positivos no teste ASCA, em comparação com 10 de 40 (25%) doentes com CU. A especificidade foi de 89% com uma sensibilidade de 77% para o ASCA no diagnóstico da DC. O teste ASCA teve um VAL de 79% e um VPP de 87% para a DC (Tabela 4-3). No entanto, para a CU, este teste teve uma sensibilidade baixa (25%) e uma especificidade elevada (89%), um VAL de 51% e um VPP de 71% para a CU (Tabela 4-3). O teste atípico-p-ANCA analisou 35 doentes com DC e 40 com CU, para além de 40 controlos saudáveis, para determinar a sua especificidade e sensibilidade no diagnóstico de CU e DC. Na clínica, estes testes tiveram uma sensibilidade de 78%, uma especificidade de 97%, um VAL de 79% e um VPP de 97% para o diagnóstico de CU. A sensibilidade do P-ANCA atípico para a DC foi de 31% e a sua especificidade foi de 97% (Tabela 4-3).

Tabela 4-3: Estatísticas descritivas de ASCA e p-ANCA entre os grupos de estudo.

	Positividade da ASCA			pANCA positividade		
HC	4 (11.43%)			1 (2.86%)		
CD	27 (77.14%)			11 (31.43%)		
UC	10 (25%)			31 (77.5%)		
	CD vs HC	UC vs HC	CD vs UC	CD vs HC	UC vs HC	CD vs UC
Especificidade	89%	89%	75%	97%	97%	69%
Sensibilidade	77%	25%	77%	31%	78%	78%
PPV	87%	71%	73%	92%	97%	74%
VAL	79%	51%	79%	59%	79%	73%

4.1.4. Estimativa serológica da PCR de alta sensibilidade entre os grupos de estudo:

Os resultados apresentados na Figura: 4-1 mostraram que o nível sérico de PCR do grupo HC foi de 4,77±1,7, o que é baixo quando comparado com os outros grupos. No entanto, houve uma diferença estatisticamente significativa (p<0,001) no aumento do nível sérico de PCR (36,4±16,5) no grupo DC em comparação com o grupo HC (4,77±1,7) e o grupo UC (25,8±12,5). Além disso, o grupo CU registou um aumento estatisticamente significativo na média da PCR quando comparado com o grupo HC.

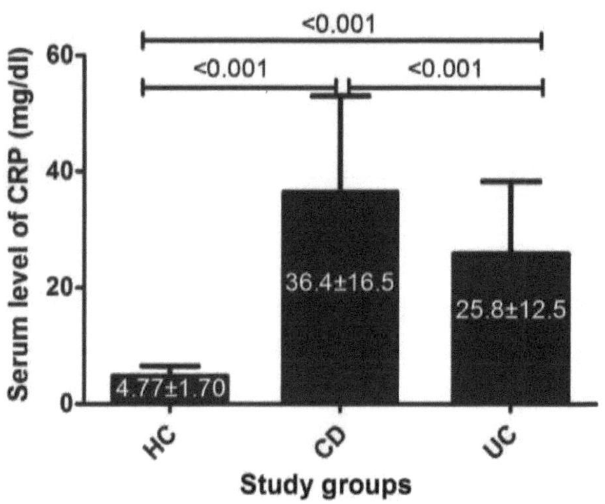

Figura 4- 1: Comparação da PCR sérica entre os grupos de estudo.

4.2. Associação entre a variante genotípica e alélica ATG16L1 Thr300Ala e a suscetibilidade a doenças:

Todos os casos foram investigados para o polimorfismo ATG16L1 Thr300Ala por SSP-PCR. A frequência genotípica e alélica foi apresentada na Tabela 4-4. Quando comparamos a frequência da possibilidade genotípica (Ala300Ala, Thr300Ala e Thr300Thr) de pacientes com DC com as do grupo HC e do grupo UC, houve diferença estatisticamente significativa (p=0,039 e p=0,045), respetivamente. No entanto, não houve diferença estatisticamente significativa na frequência genotípica entre os doentes com CU e os HC (p=0,856). O transporte do alelo 300G/G foi estatisticamente mais elevado na DC (55,71%) em comparação com 32,8% nos controlos saudáveis (p=0,010, OR=2,57, IC=1,3-5,1) e foi associado ao aumento do risco de DC. O risco de desenvolver DC foi significativamente associado especificamente ao alelo G quando comparado com 31,25% em doentes com CU (p=0,003 OR=2,76, IC=1,4-5,4). É mais provável que 2,6 dos indivíduos que têm o alelo G tenham tendência para desenvolver DC.

Tabela 4-4: Frequências genotípicas e alélicas do polimorfismo rs2241880 ATG16L1 em doentes iraquianos com DC, UC e controlos.

		HC	CD	UC
Genótipo ATG16L1	AA	18 (51.43%)	8 (22.86%)	19 (47.50%)
	AG	11 (31.43%)	15 (42.86%)	15 (37.50%)
	GG	6 (17.14%)	12 (34.29%)	6 (15.00%)
	Total	35 (100%)	35 (100%)	40 (100%)
Valor P	vs controlo		0.039*	0,856NS
	vs CD			0.045*
Alelo ATG16L1	A	47 (67.14%)	31 (44.29%)	55 (68.75%)
	G	23 (32.86%)	39 (55.71%)	25 (31.25%)
	Total	70 (100%)	70 (100%)	80 (100%)
Odd ratio (Intervalo de confiança)	vs controlo		2.57 (1.3-5.1)	0.93 (0.4-1.8)
	vs UC		2.76 (1.41-5.4)	-
Valor P	vs controlo		0.010*	0,885NS
	vs UC		0.003*	-

NS= Sem diferença estatística significativa (p>0,05). *= diferença estatisticamente significativa (p≤0,05).

4.3. A associação das variantes genotípicas e alélicas de ATG16L1 Thr300Ala com a classificação da doença de Montreal e variáveis clínicas.

Entre os doentes com DC, não se verificou uma associação significativa entre a idade de diagnóstico e a variante genotípica (p=0,207) ou a frequência da variante alélica (p=0,179). Os resultados mostraram uma frequência mais elevada da variante genética e da variante alélica tanto no início precoce da doença (menos de 16 anos), 66,67% e 66,67%, respetivamente, como no início tardio da doença (mais de 40 anos), 55,56% e 72,22%, respetivamente, em comparação com o início da doença na idade adulta (17-40 anos), 21,74% e 47,83%, respetivamente.

Enquanto que, na ausência de associação do comportamento da doença com a variação genotípica (p=0,242) e com a variação alélica (p=0,848), apenas a variação alélica apresentou maior frequência nos três subfenótipos (inflamatório=56,25%, estenosante=61,11% e penetrante=51,78%) Tabela 4:5. Este aumento deve-se à maior frequência do genótipo heterozigótico (Thr300Ala) no subtipo inflamatório (62,5%) e no subtipo penetrante (50%). De acordo com a localização da doença, os doentes com DC com envolvimento ileal têm uma frequência mais elevada (62,5%) para a variante alélica, seguida da doença do cólon (57,89%) e depois do ileocólon (50%). No entanto, nem a variante genotípica nem a variante alélica apresentam uma associação com a localização da DC (p=0,680 e 0,763). Na doença de colite ulcerosa, os doentes com colite do lado esquerdo não apresentavam o genótipo GG homozigótico. No entanto, 27,27% dos doentes com proctite ulcerosa e 30% dos doentes com colite extensa têm este genótipo. Não existe associação entre o genótipo ou a variante alélica e a localização da doença em doentes com CU. A presença de manifestações extra-intestinais tem maior frequência de variante genética (61,11%) e de variante alélica (75%) do que a sua ausência. Os doentes com DC que necessitam de cirurgia têm uma frequência significativamente mais elevada da variante genética (64,71%) e da variante alélica (76,47%) do que os que não necessitam, ver Tabela 4:5).

Tabela 4-5: Associação das variantes genotípicas e alélicas da ATG16L1 T300A com parâmetros clínicos.

	Genótipo ATG16L1			Alelo	
	AA	AG	GG	A	G
Idade ao diagnóstico (35)					
A1: Mais jovem do que 16 anos (3)	1 33.33%	0 0.00%	2 66.67%	2 33.33%	4 66.67%
A2: 17-40 anos (23)	6 26.09%	12 52.17%	5 21.74%	24 52.17%	22 47.83%
A3: Mais de 40 anos (9)	1 11.11%	3 33.33%	5 55.56%	5 27.78%	13 72.22%
Valor P	0,207NS			0,179 NS	
Comportamento da doença (35)					
B1: Inflamatório (8)	1 12.50%	5 62.50%	2 25.00%	7 43.75%	9 56.25%
B2: Estenosante (9)	3 33.33%	1 11.11%	5 55.56%	7 38.89%	11 61.11%
B3: Penetrante (18)	4 22.22%	9 50.00%	5 27.78%	17 47.22%	19 52.78%
Valor P	0,242 NS			0,844 NS	
Localização da doença (35)					
L1: Ileal (4)	1 25.00%	1 25.00%	2 50.00%	3 37.50%	5 62.50%
L2: Cólon (19)	3 15.79%	10 52.63%	6 31.58%	16 42.11%	22 57.89%
L3: Ileocolónica (12)	4 33.33%	4 33.33%	4 33.33%	12 50.00%	12 50.00%
Valor P	0,680 NS			0,763 NS	
Localização da doença (40)					
E1: proctite ulcerosa (11)	6 54.55%	2 18.18%	3 27.27%	14 63.64%	8 36.36%
E2: Lado esquerdo (UC) (19)	10 52.63%	9 47.37%	0 0.00%	29 76.32%	9 23.68%
E3: Colite extensa (10)	3 30.00%	4 40.00%	3 30.00%	10 50.00%	10 50.00%
Valor P	0,094 NS			0,125 NS	
Manifestação extra-intestinal (35)					
Não (17)	6 35.29%	10 58.82%	1 5.88%	22 64.71%	12 35.29%
Sim (13)	2 11.11%	5 27.78%	11** 61.11%	9 25.00%	27** 75.00%
Valor P	<0.001**			0.001**	
Necessidade de cirurgia (35)					
Não (18)	6 33.33%	11 61.11%	1 5.56%	23 63.89%	13 36.11%
Sim (17)	2 11.76%	4 23.53%	11** 64.71%	8 23.53%	26** 76.47%
Valor P	0.001**			0.001**	

NS: Não significativo (p>0,05), *= diferença significativa (p≤0,05), **= diferença altamente significativa (p≤0,001).

4.4. Expressão de ATG16L1, LC3C, lisozima e IL17A entre os grupos de estudo e sua correlação com a classificação da doença de Montreal e variáveis clínicas.

4.4.1. Expressão da proteína Atg16l1 entre os grupos de estudo:

A deteção da expressão de ATG16L1 no epitélio intestinal foi efectuada por imunohistoquímica. Os resultados mostraram uma diferença estatisticamente significativa (p=0,001) na expressão média de Atg16l1 na DC (81,40±5,89) e na CU (83,20±6,25) em comparação com o grupo de controlo (77,54±7,06). A Figura 4-2 mostra mais detalhes, a doença CD não tem diferença quando comparada com o grupo UC (p=0,228), enquanto a comparação com o grupo de controlo saudável mostrou uma diferença significativa (p=0,013). O grupo com CU tem uma percentagem mais elevada da proteína Atg16l1 do que o grupo de controlo (p<0,001). No entanto, o padrão de expressão foi semelhante em todos os grupos, os indivíduos com doença de Crohn demonstraram demonstrar a localização celular da proteína ATG16L1. Os padrões de expressão celular em células inflamatórias, epitélios de revestimento do intestino e células epiteliais glandulares (Figura 4-3). De acordo com os fenótipos da doença, os resultados da figura 44 mostraram que a expressão da proteína ATG16L1 foi estatisticamente significativa (p=0,032) em pacientes com DC <40 anos (84,44±5,96) quando comparada com pacientes de 17-40 anos (80,13±5,88). De acordo com o comportamento da doença, os doentes com comportamento penetrante (79,83±6,2) têm um valor estatisticamente significativo (p=0,006) inferior ao comportamento estenosante (84,22±4,58). Os doentes com lesões do cólon (79,32±6,04) foram significativamente inferiores à doença ileal (85,5±5,45, p=0,005) ou à doença ileocolónica (83,33±4,68, p=0,006). Os doentes que apresentavam manifestações extra-intestinais (82,78±5,31) foram estatisticamente significativos (p=0,042) do que os doentes sem manifestações extra-intestinais (79,94±6,28). A expressão da proteína ATG16L1 foi independente da necessidade de cirurgia p=0,859.

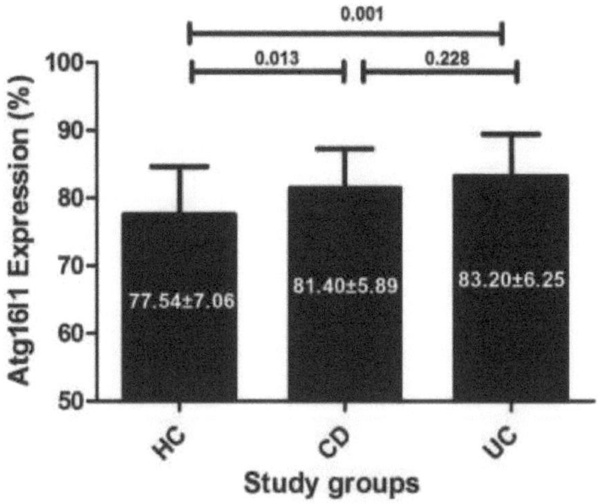

Figura 4- 2: Percentagem de expressão da proteína Atg16l1 nos grupos de estudo.

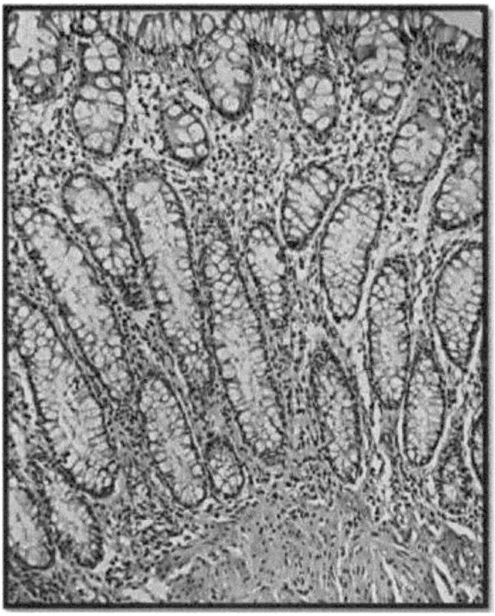

Figura 4- 3: Expressão da proteína Atg16l1 na biópsia de DC.

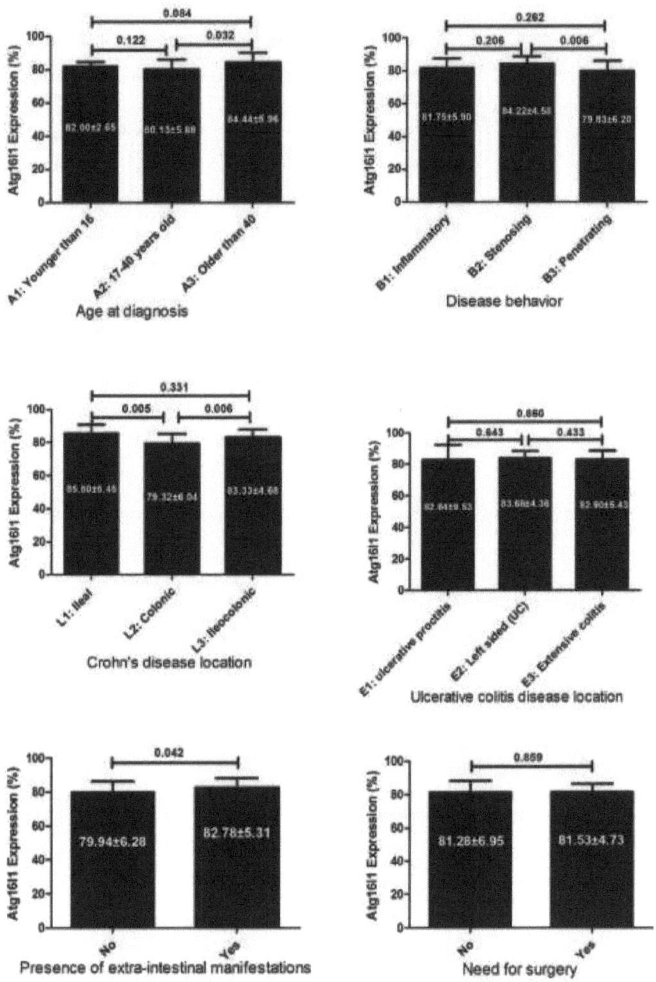

Figura 4- 4: Percentagem de expressão de ATG16L1 de acordo com a classificação da doença de Montreal e variáveis clínicas.

4.4.2. Expressão da proteína LC3C entre os grupos de estudo:

Com base na deteção por imunofluorescência da proteína LC3C no epitélio intestinal, foram obtidos resultados interessantes. Existe uma diferença estatisticamente significativa na percentagem média de expressão da proteína LC3C entre os três grupos estudados ($p<0,001$). Outras comparações entre cada grupo mostraram que os doentes com DC têm um aumento altamente significativo ($p<0,001$) na percentagem de expressão (23,97±8,85) quando comparados com a CU (16,35±5,74) ou com o grupo de controlo (4,26±4,02) (ver Figura 4-5).Nas secções de tecido do cólon da DC e da CU, a expressão de LC3C foi expressa em células epiteliais glandulares, principalmente na base das criptas, e em células inflamatórias entre as criptas, sendo o padrão de expressão pontual ou granular (Figura 4-6).

De acordo com os fenótipos da doença, os resultados da Figura 4-7 mostraram que a expressão da proteína LC3C é independente da idade ao diagnóstico, uma vez que apenas os doentes com menos de 17 anos têm uma percentagem estatisticamente significativa ($p=0,034$) mais elevada da proteína LC3C (30,33±14,8) do que os doentes com 17-40 anos (22,3±7,73). No entanto, a sua expressão não é dependente do comportamento da doença ($p>0,05$), da localização da doença ($p>0,05$). Nos doentes com manifestações extra-intestinais, os seus tecidos expressam uma percentagem significativamente ($p=0,049$) mais elevada (26,72±10,54) de LC3C quando comparados com os que não têm (21,06±5,55). Por outro lado, o LC3C é independente da necessidade de cirurgia dos doentes ($p=0,300$).

Entre os doentes com CU, os doentes com proctite (12,73±4,5) têm uma expressão da proteína LC3C significativamente mais baixa do que os doentes com colite do lado esquerdo (17,0±5,62, $p=0,042$) ou os doentes com colite extensa (19,1±5,67, $p=0,010$).

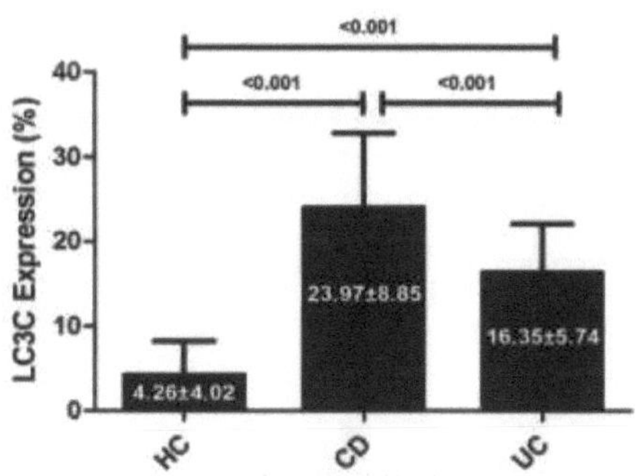

Figura 4- 5: Percentagem de expressão da proteína LC3C nos diferentes grupos de estudo.

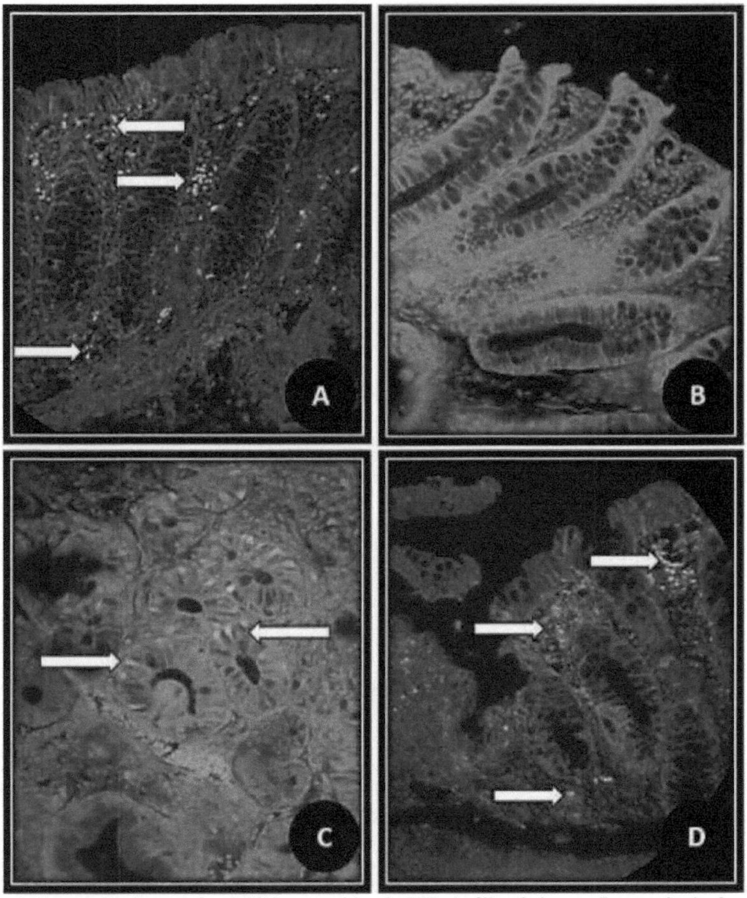

Figura 4- 6: Expressão da proteína LC3C nos tecidos da DII. Análise de imunofluorescência da expressão de LC3C no tecido do cólon de um doente com DC (A e C) e de um doente com CU (B e D). A e D mostram a expressão citoplasmática granular nas criptas (na base onde residem as células de Paneth), também encontrada entre as criptas nas células inflamatórias. A secção B mostra LC3C na base das células glandulares (4 glândulas expressam LC3C) enquanto outras não. C representa o controlo negativo sem anticorpo. A, C e D com ampliação original de 200X e C de 400X.

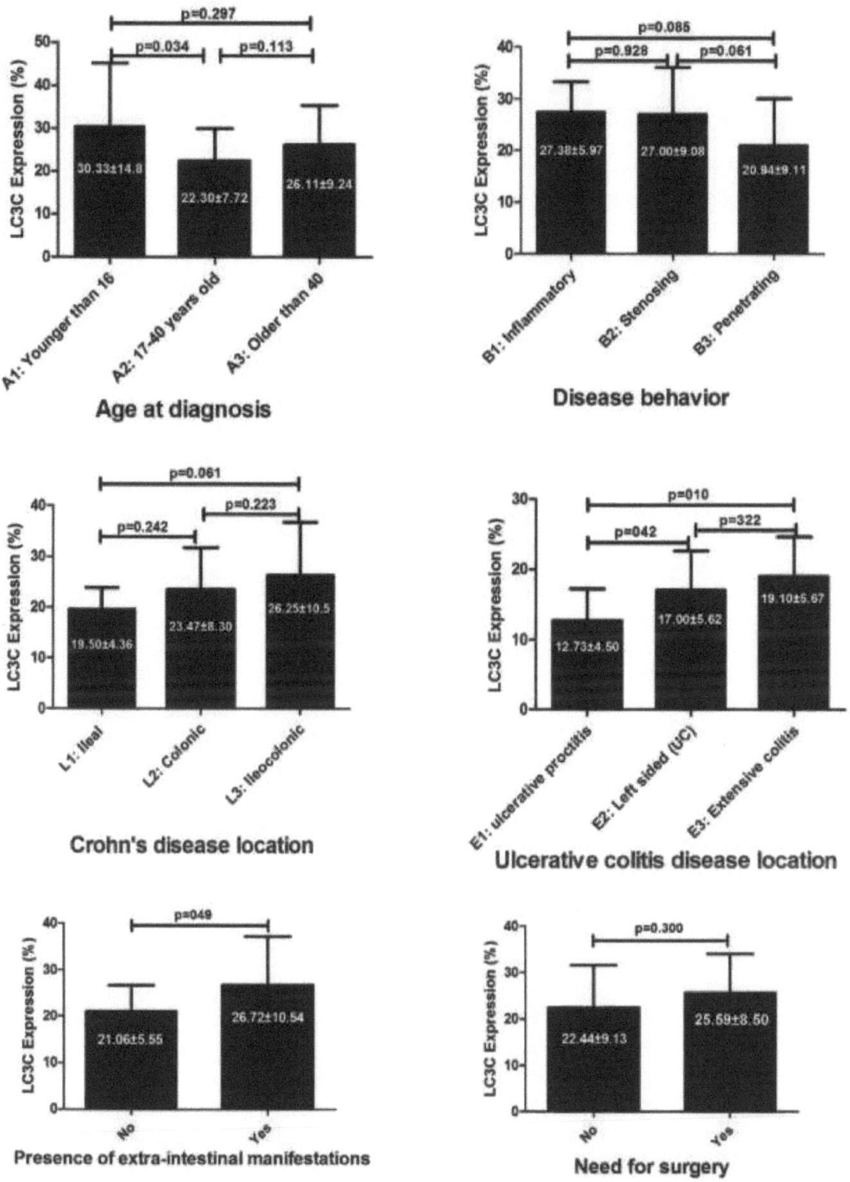

Figura 4- 7: Percentagem de expressão da proteína LC3C de acordo com a classificação da doença de Montreal e as variáveis clínicas.

4.4.3. Expressão da proteína lisozima entre os grupos de estudo:

A utilização do método de imunofluorescência para a deteção de lisozima em secções de tecido permite o reconhecimento de vacúolos contendo lisozima (em forma de ponto) localizados no citoplasma. Os resultados da Figura 4-8 mostraram que há uma diminuição da proteína lisozima nas biópsias de DC (12,46±3,8) em comparação com as biópsias de CU (45,75±10,8, p<0,001) e controlo (21,51±8,03, p<0,001). Por outro lado, as amostras de CU mostram um aumento da proteína lisozima em comparação com os controlos (p<0,001). No tecido normal, a lisozima está presente nas células de Paneth das criptas intestinais e nas células inflamatórias da lâmina própria intestinal e nas células epiteliais de superfície ou nas células das criptas mucosas.

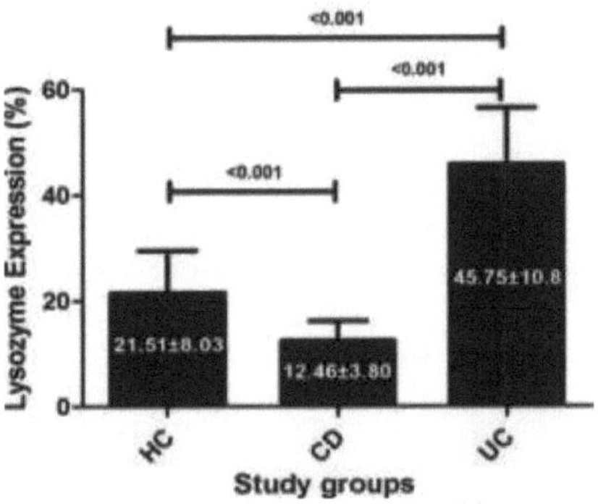

Figura 4- 8: Percentagem da expressão da proteína lisozima nos diferentes grupos de estudo.

No cólon e no reto de doentes com colite ulcerosa, a coloração da lisozima era mais proeminente nas numerosas células inflamatórias invasoras da lâmina própria (Figura 4-9-C), com uma coloração intensa observada predominantemente no citoplasma de células da cripta e células inflamatórias ocasionais da mucosa, que apresentavam uma coloração clara da lisozima. Esta coloração apresentava, na maioria das vezes, uma posição basal pontilhada e, em algumas células da cripta do cólon, a morfologia citoplasmática e a coloração da lisozima eram idênticas às das células de Paneth do íleo (Figura 4-9-B).

A coloração da lisozima estava presente em numerosos microabscessos ao longo da parede intestinal. Na maioria dos casos, é notável uma coloração ténue em forma de pequenos pontos na base das criptas. As células inflamatórias e o tecido fibroso não apresentavam coloração de lisozima ou apresentavam-na diminuída (Figura 4-9-D).

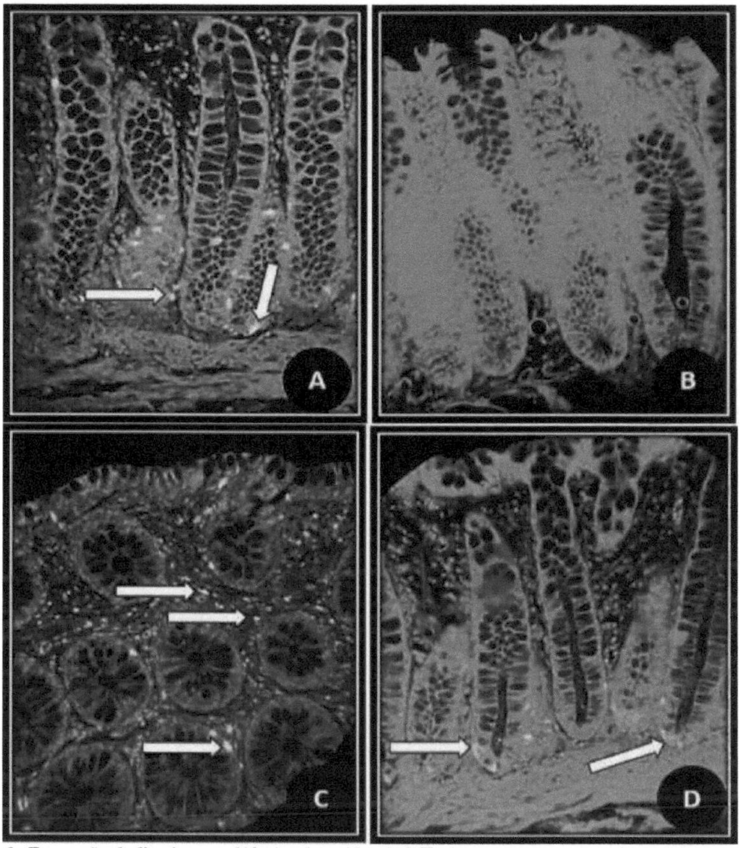

Figura 4- 9: ***Expressão da lisozima em biópsias de tecidos de DII. A. representa o controlo negativo sem adição de anticorpo. B. Cólon unilateral mostrando coloração intensa da proteína lisozima principalmente no terço distal das criptas e poucas células inflamatórias. C. Tecido colorrectal mostrando uma vista transversal das glândulas com coloração basal intensa e numerosas células inflamatórias infiltradas entre as glândulas. C. Ponto de coloração pequeno e de baixa intensidade na base das criptas da mucosa ileal na doença de Crohn. As imagens originais foram obtidas a 200X.***

De acordo com a classificação da doença de Montreal, os resultados na Figura 410 mostraram que os pacientes com início precoce da doença <17 anos têm menor expressão da proteína lisozima em seus tecidos (9,0±5,29), com diferença estatisticamente significativa em relação aos pacientes cuja doença começou entre 17 e 40 anos (12,52±3,33, p=0,030) e em relação aos pacientes com início tardio da doença (13,44±4,28, p=0,012). Os pacientes com doença penetrante têm menor expressão de lisozima (7,45±4,03) do que os do tipo inflamatório

(13,63±3,07, p=0,021), e não significativa em relação ao comportamento da doença estenótica (10,1±4,03, p=0,065). No entanto, a doença estenótica foi significativamente menor do que tipo de doença inflamatória p=0,043. Entre a localização da doença na DC e na CU e a presença de manifestações extra-intestinais, a expressão da lisozima tecidual não foi estatisticamente diferente entre seus subgrupos. Os tecidos obtidos de pacientes que precisam de operações cirúrgicas têm uma média de expressão de lisozima altamente inferior (6,57±4,33) p<0,001 do que os pacientes que não precisam (17,2±5,23).

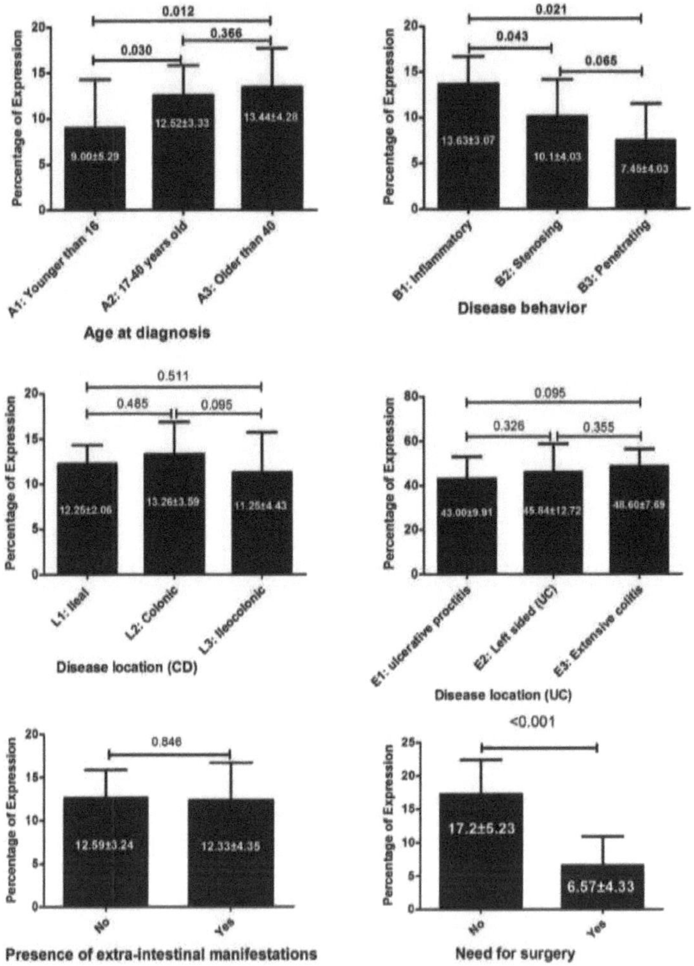

*Figura 4- 10: **Percentagem da expressão da proteína lisozima de acordo com a classificação da doença de Montreal e as variáveis clínicas.***

4.4.4. Expressão da proteína IL-17A entre os grupos de estudo:

Para avaliar a expressão da proteína IL-17 na mucosa, as biópsias foram coradas com anticorpos anti-IL-17 marcados com fluoresceína. Como se mostra na Figura 4-11, a expressão da proteína IL-17A na mucosa do cólon normal era muito reduzida (3,14±2,93). Em contrapartida, foi observada uma percentagem mais elevada e estatisticamente significativa de IL-17A em biópsias de doentes com DC (36,4±7,89, $p<0,001$) e CU (30,23±5,86, $p<0,001$). Os doentes com DC apresentam uma percentagem mais elevada do que os doentes com CU ($p<0,001$). A localização celular das células produtoras de IL-17A é principalmente entre as criptas, juntamente com a camada mucosa (Figura 4-12-A, C e D) e densa (alta intensidade) de células de Paneth (no terço distal das criptas) (Figura 4-12-A)

De acordo com a classificação da doença de Montreal (Figura 4-13), não há diferença estatisticamente significativa na média de expressão de IL-17A de acordo com a idade ao diagnóstico, localização da DC ou CU, nem mesmo de acordo com a presença de manifestações extra-intestinais ou necessidade de cirurgia. Notavelmente, os pacientes com DC com doença do tipo inflamatório têm maior média de expressão tecidual de IL-17A do que os pacientes com doença estenótica ($p=0,002$) ou penetrante ($p=0,002$).

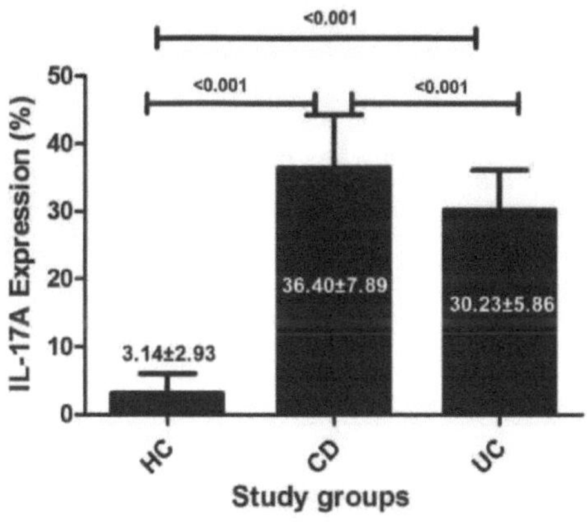

Figura 4- 11: Percentagem de expressão da proteína IL-17A nos diferentes grupos de estudo.

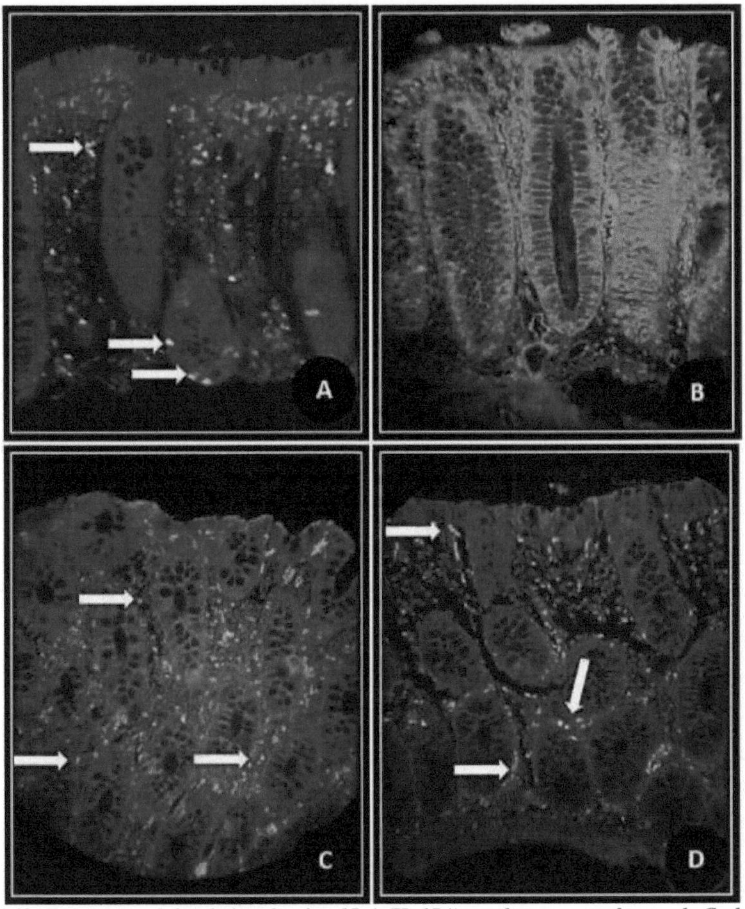

Figura 4-12: Expressão celular da interleucina 17 A (IL-17A) em doentes com doença de Crohn (CA) e colite ulcerosa (D). Foi utilizada a imunofluorescência direta para determinar a expressão de IL-17 (isotiocianato de fluoresceína (FITC), células fluorescentes verdes que mostram a expressão de IL-17. A especificidade do anticorpo foi confirmada por reatividade negativa sem adição de anticorpo na secção (B).

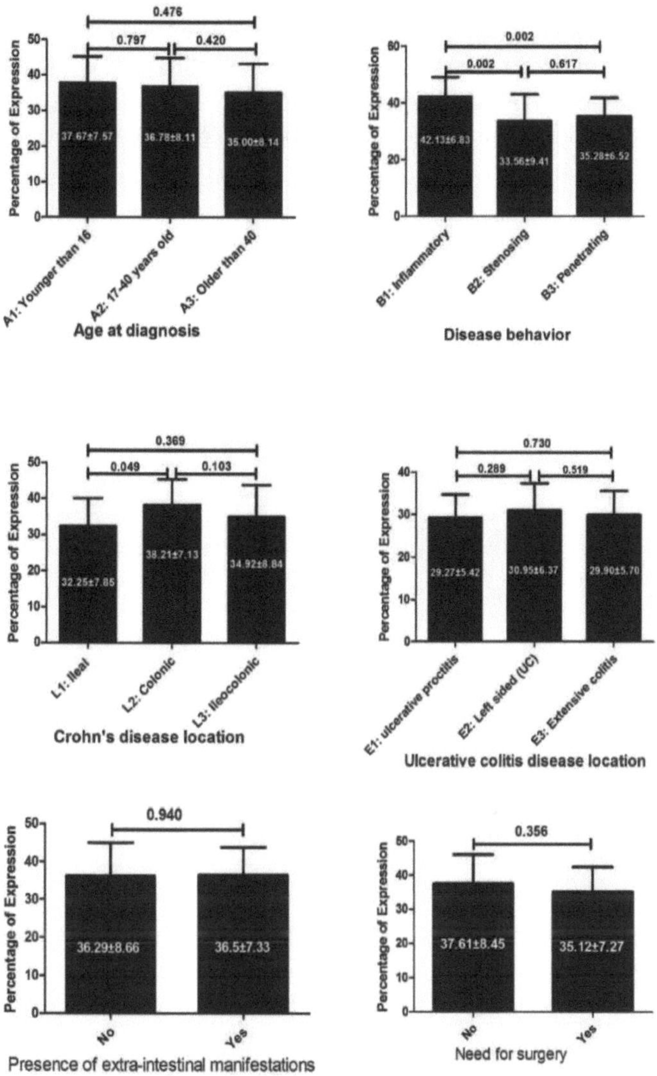

Figura 4- 13: ***Percentagem da expressão da proteína IL17A de acordo com a classificação da doença de Montreal e as variáveis clínicas.***

4.5. A associação das variantes genotípicas e alélicas de ATG16L1 Thr300Ala com a expressão de proteínas reguladoras da autofagia:

4.5.1. A expressão da proteína ATG16L1 é independente da variação genotípica ou alélica da ATG16L1 Thr300Ala:

Foi investigada a relação entre o genótipo ou a variação alélica de ATG16L1 (Thr300Ala) e a expressão da proteína ATG16L1. No entanto, os resultados mostraram que não existe uma diferença estatisticamente significativa na expressão da proteína de acordo com os diferentes genótipos ou entre dois alelos (Figura 4-14). Estes resultados sugerem que a expressão da proteína ATG16L1 é independente do respetivo genótipo e não é afetada pela variação alélica

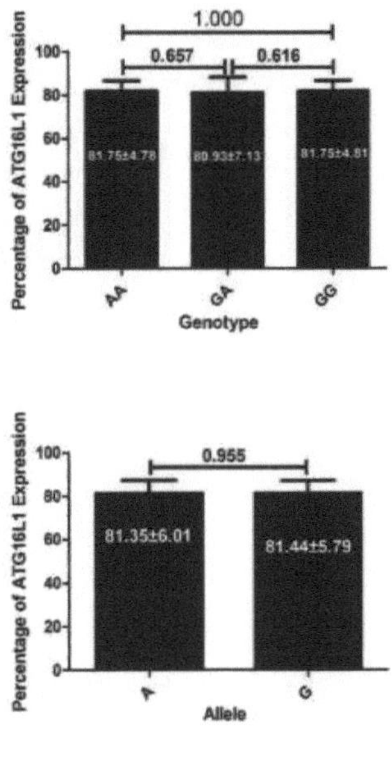

em doentes com DC.

Figura 4- 14: ***Percentagem da expressão da proteína Atg16l1 em secções de tecido de acordo com as variantes genotípicas e alélicas do polimorfismo rs2241880 Atg16l1 em doentes com DC.***

4.5.2. Aumento da expressão da proteína LC3C associada às variantes genotípicas e alélicas ATG16L1 Thr300Ala:

Uma vez que não existe uma relação direta entre o gene ATG16L1 e a proteína LC3C, foi examinada a associação entre ambos (Figura 415). No entanto, foi encontrado um resultado inesperado: a maior percentagem de expressão de LC3C foi encontrada no genótipo mutante homozigótico (GG) 29,83%, seguida do genótipo heterozigótico (GA) 23,2% e a menor expressão foi encontrada no genótipo homozigótico de tipo selvagem (AA) 16,63%. Os resultados registaram diferenças estatisticamente significativas entre cada genótipo. De acordo com a variação alélica, há um aumento altamente significativo (p<0,001) na média da expressão de LC3C em pacientes portadores do alelo G (27,28%) quando comparados com

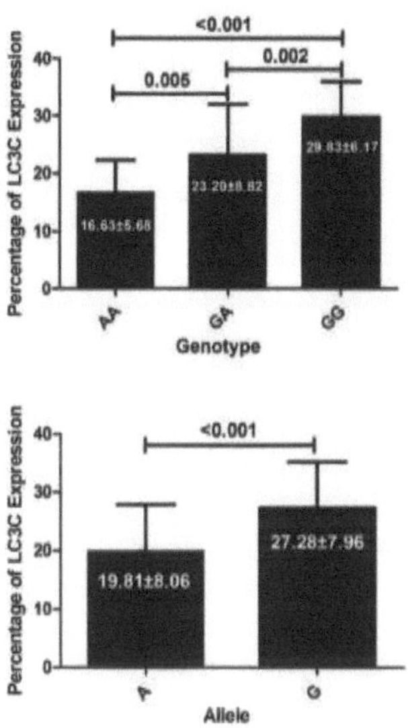

pacientes portadores do alelo A (19,81%).

*Figura 4- 15: **Percentagem de expressão da proteína LC3C em secções de tecido de acordo com as variantes genotípicas e alélicas do polimorfismo rs2241880 Atg16l1 em doentes com DC.***

4.6. A associação das variantes genotípicas e alélicas de ATG16L1 Thr300Ala com a expressão de parâmetros imunológicos em doentes com DC:

4.6.1. Expressão reduzida da lisozima tecidular associada às variantes genotípicas e alélicas ATG16L1 Thr300Ala:

Os resultados da figura 4-16 mostraram que existe uma redução estatisticamente significativa da expressão da lisozima nos doentes portadores do genótipo mutante homozigótico (GG) quando comparados com os portadores do genótipo selvagem homozigótico (AA), e que os doentes portadores do genótipo heterozigótico (GA) expressam uma quantidade reduzida de proteína lisozimática nos tecidos quando comparados com os portadores do genótipo selvagem homozigótico (AA). Por outro lado, os doentes portadores do alelo G têm uma média significativamente inferior de expressão da lisozima tecidular (11,56%) quando comparados com os doentes portadores do alelo A (13,58%).

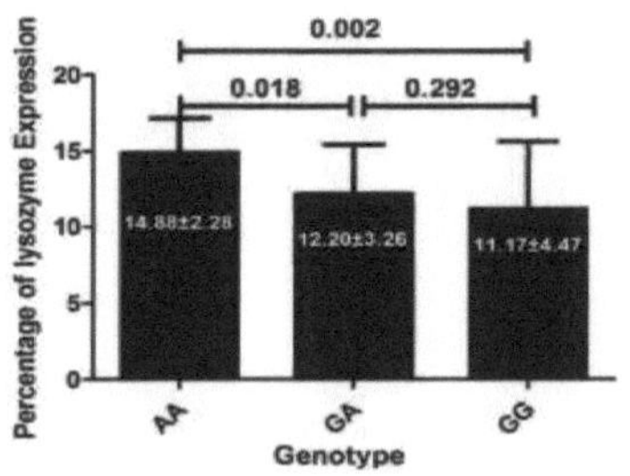

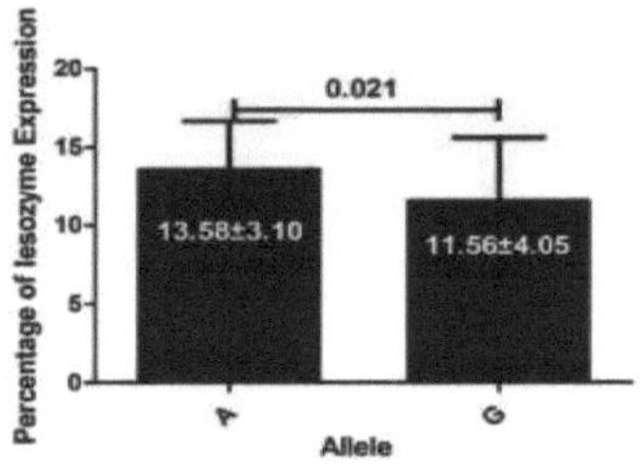

*Figura 4- 16: **Percentagem da expressão da proteína lisozima em secções de tecido de acordo com as variantes genotípicas e alélicas do polimorfismo rs2241880 Atg16l1 em doentes com DC.***

4.6.1. A associação das variantes genotípicas e alélicas de ATG16L1 Thr300Ala com a expressão de IL-17A em doentes com DC:

Investigámos a influência da expressão tecidular da IL-17A por variante genotípica ou alélica através da comparação de cada grupo genotípico ou alélico definido. No entanto, os resultados das comparações na Figura 4-17 mostraram que existe uma maior expressão tecidular de IL-17A no genótipo mutante homozigótico (GG) e no genótipo heterozigótico quando comparados com o genótipo homozigótico do tipo selvagem (p=0,003 e p<0,001, respetivamente). Os doentes portadores do alelo G têm uma expressão tecidular

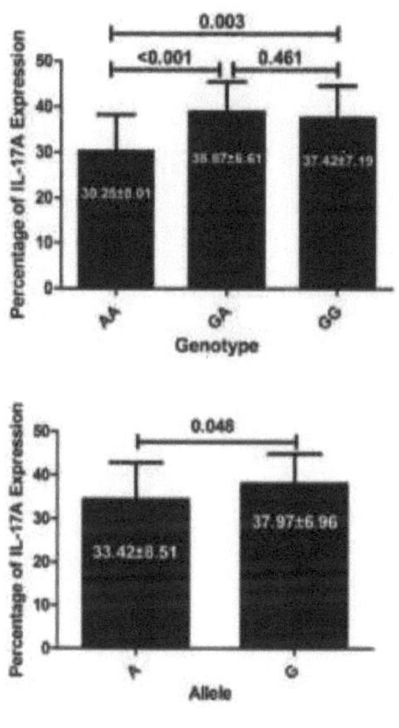

significativamente mais elevada da proteína IL-17A do que os portadores do alelo A (p=0,048).

*Figura 4- 17: **Percentagem da expressão da proteína IL17A em secções de tecido de acordo com as variantes genotípicas e alélicas do polimorfismo rs2241880 Atg16l1 em doentes com DC.***

4.7. Correlação entre ATG16L1 e LC3C com a expressão tecidular das proteínas lisozima e a expressão tecidular das proteínas IL-17A em doentes com DC:

A fim de explorar as relações entre a expressão tecidular das proteínas relacionadas com a autofagia e as proteínas lisozima e IL-17A, efectuámos o teste do coeficiente de correlação entre elas. No entanto, os resultados mostraram que não existe qualquer relação entre a expressão tecidular de ATG16L1 e a expressão das proteínas lisozimas (r=0,080, p=0,649), como se pode ver na figura 4-18-A. Também não foi registada qualquer correlação entre a expressão tecidular de ATG16L1 e de IL-17A (r=-0,092, p=0,599), como na Figura 4-18-B.

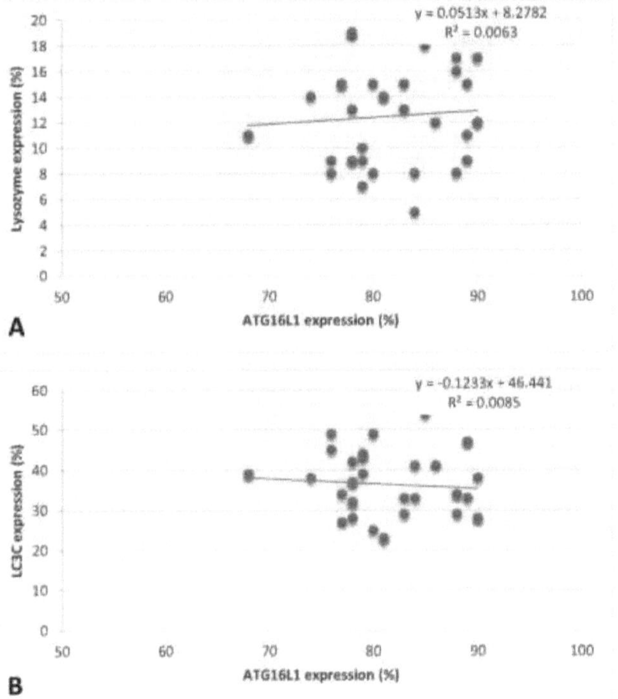

*Figura 4- 18: **Gráfico de dispersão que mostra a correlação entre (A): ATG16L1 e a expressão tecidual das proteínas lisozima em pacientes com DC (r=0,080, p=0,649). (B): ATG16L1 e a expressão tecidual das proteínas IL-17A em pacientes com DC (r=-0,092, p=0,599).***

Foram efectuadas outras correlações entre a expressão da proteína LC3C e a lisozima ou a IL-17A. Os resultados da Figura 4-19-A mostraram que existe uma correlação inversa significativa entre a lisozima e a expressão tecidular de LC3C (r=-0,333, p=0,049). Enquanto na Figura 4-19-B, os resultados apresentam uma correlação positiva estatisticamente

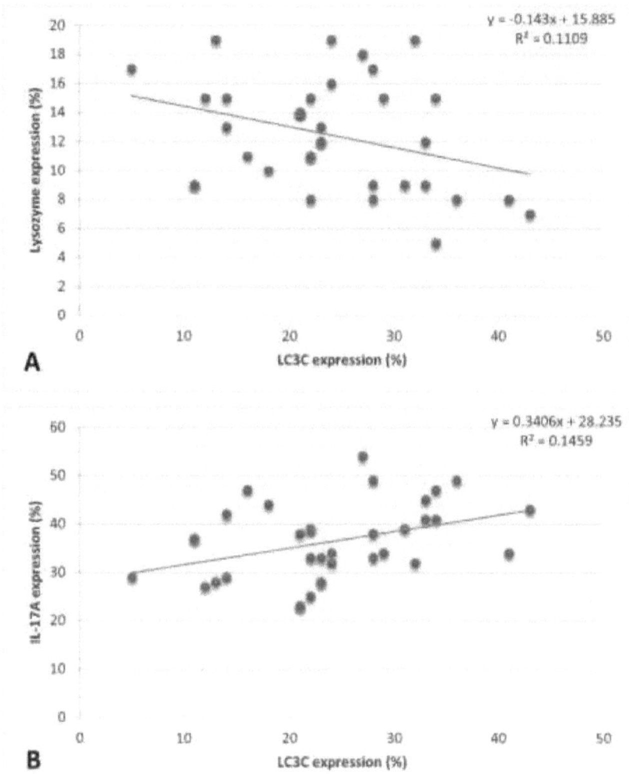

significativa (r= 0,382, p=0,024) com a IL-17A.

Figura 4- 19: Gráfico de dispersão que mostra a correlação entre (A): Expressão tecidual das proteínas LC3C e lisozima em pacientes com DC (r=-0,333, p=0,049). (B): Expressão tecidual das proteínas LC3C e IL-17A em pacientes com DC (r= 0,382, p=0,024).

4.8. Deteção imunohistológica de Norovírus em tecidos entre grupos de estudo:

Com base na deteção por imunofluorescência da proteína 1 do capsídeo viral (VPN1) do Norovírus em secções de tecido, os nossos resultados revelaram que 9 (25,7%) casos eram positivos entre 35 doentes com DC com um rácio ímpar mais elevado (25,45) e que tinham 25,45 vezes mais probabilidades de estarem infectados com Norovírus do que os HC. 7/40 (17,5%) casos de CU apresentaram um rácio ímpar = 15,9 quando comparados com todos os controlos saudáveis negativos e têm 15,9 vezes mais probabilidades de estarem infectados com Norovírus do que os HC (Quadro 4-6).

Tabela 4- 6: Percentagem relativa de Norovírus detectada em amostras de tecido entre os grupos de estudo.

		Grupos de estudo		
		HC	CD	UC
Norovírus	Negativo	35	26	33
	%	100.00%	74.29%	82.50%
	Positivo	0	9	7
	%	0.00%	25.71%	17.50%
	Total	35	35	40
	%	100.00%	100.00%	100.00%
OR (IC)			25.45 (1.4-457.4)	15.9 (0.87-289.5)
valor p			0.002*	0.012*

Na DC e na CU, o Norovírus foi detectado em secções do cólon nas células epiteliais que revestem as criptas, principalmente na base das criptas, onde se encontram as células de Paneth, e nas células inflamatórias entre as glândulas. Foi sugerido que a localização do Norovírus no epitélio de superfície que reveste a mucosa o tornava um possível local de entrada no tecido subjacente (Figura 4-26 A, B, C e D).

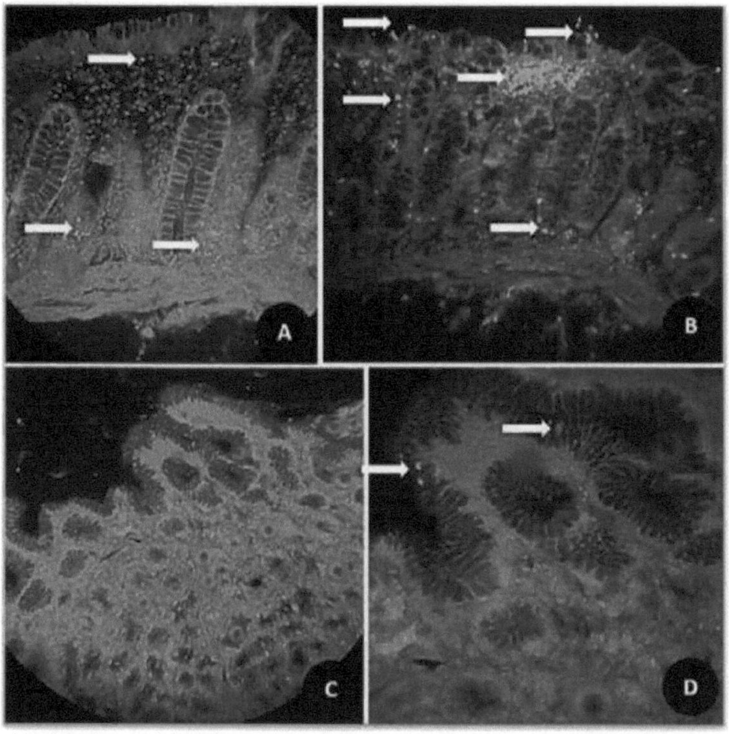

*Figura 4- 20: **Deteção por imunofluorescência indireta da proteína do capsídeo do Norovírus (VP1) em secções de tecido fixadas em formalina e incluídas em parafina de doentes com DII. A e B: Secções do cólon em CD que mostram o antigénio viral (setas) nas células epiteliais de revestimento das criptas (A&B), principalmente na base das criptas, e células inflamatórias entre as glândulas coradas com fluorescência verde. B: localização do Norovirus no epitélio de superfície que reveste a mucosa (podem ser vistos agregados virais logo abaixo do epitélio nas células inflamatórias). Ampliação original, x200. C. Secção de tecido do cólon de um doente com UC (Norovírus positivo). D. Maior ampliação (X400) de (C) mostrando a localização viral no epitélio de superfície (setas).***

4.8.1. A associação da infeção por Norovirus com fenótipos de IBD:

De acordo com os fenótipos da doença e as apresentações clínicas dos doentes com DII (Tabela: 4-7), não existe associação estatisticamente significativa entre os casos positivos para Norovírus e a idade ao diagnóstico (p=0,256), o comportamento da doença (p=0,211), a localização da doença na CU (0,244) ou a presença de manifestações extra-intestinais (p=0,443). Apesar disso, existe uma associação com a doença colónica por DC 7/19 (36,8%) eram Norovírus positivos (p=0,044) e associada a amostras cujos doentes necessitaram de cirurgia 7/17 (41,2%) p=0,048.

Tabela 4- 7: Associação dos casos positivos para Norovírus com a classificação da doença de Montreal e variáveis clínicas.

		Norovírus					valor p
		Negativo	%	Positivo	%	Total	
Idade no momento do diagnóstico	A1: Com menos de 16 anos	2	66.7%	1	33.3%	3	0,256^{NS}
	A2: 17-40 anos de idade	16	69.6%	7	30.4%	23	
	A3: Mais de 40 anos	8	88.9%	1	11.1%	9	
Total		26	74.3%	9	25.7%	35	
Comportamento da doença	B2: Estenosante	8	88.9%	1	11.1%	9	0,211^{NS}
	B3: Penetração	12	66.7%	6	33.3%	18	
	B1: Inflamatório	6	75.0%	2	25.0%	8	
Total		26	74.3%	9	25.7%	35	
Localização da doença	L1: Ileal	4	100.0%	0	0.0%	4	0.044*
	L2: Cólon	12	63.2%	7	36.8%	19	
	L3: Ileocolónica	10	83.3%	2	16.7%	12	
Total		26	74.3%	9	25.7%	35	
Manifestação extra-intestinal	Não	14	82.4%	3	17.6%	17	0,443^{NS}
	Sim	12	66.7%	6	33.3%	18	
Total		26	74.3%	9	25.7%	35	
Cirurgia	Não	16	88.9%	2	11.1%	18	0.048*
	Sim	10	58.8%	7	41.2%	17	
Total		26	74.3%	9	25.7%	35	

NS= Sem diferença estatística significativa (p>0,05).
* = Diferença estatisticamente significativa (p≤0,05).

4.8.2. A associação das variantes genotípicas e alélicas de ATG16L1 Thr300Ala com a infeção por Norovírus em doentes com DC:

Para elucidar melhor a interação entre as variantes genotípicas ou alélicas de ATG16L1 (Thr300Ala) e a infeção por Norovírus em doentes com DC, efectuámos uma análise estatística para documentar esta interação. Os resultados apresentados na figura 4-28 mostraram que existe uma diferença estatisticamente significativa (p=0,001) na associação entre a variante genotípica e a presença de Norovírus nas secções de tecido. Além disso, metade (6/12) dos CD com genótipo mutante homozigótico (GG) tiveram Norovírus positivo nos seus tecidos, enquanto 3/14 (20%) tiveram Norovírus positivo no genótipo heterozigótico (GA) e, nomeadamente, nenhum dos CD com genótipo selvagem homozigótico (AA) teve Norovírus nos seus tecidos. Entre os doentes portadores do alelo G, 38,5% eram Norovírus positivos, em comparação com 9,68% dos doentes portadores do alelo A (p=0,006); ver Quadro: 4-8.

Tabela 4- 8: Associação da incidência de Norovírus com a variação genotípica e alélica de ATG16L1 (Thr300Ala) entre doentes com DC.

		Norovírus					Valor P
		Negativo	%	Positivo	%	Total	
Genótipo ATG16L1	AA	8	100.00%	0	0.00%	8	0.001**
	AG	12	80.00%	3	20.00%	15	
	GG	6	50.00%	6	50.00%	12	
Total		26	74.29%	9	25.71%	35	
Alelo	A	28	90.32%	3	9.68%	31	0.006*
	G	24	61.54%	15	38.46%	39	
Total		52	74.29%	18	25.71%	70	

* = Diferença estatisticamente significativa ($p \leq 0,05$).

** = Diferença altamente significativa do ponto de vista estatístico ($p \leq 0,001$).

4.9. Relação da incidência de *Helicobacter pylori* entre os grupos de estudo:

A deteção histológica de *H. pylori* indica a predominância entre os indivíduos de controlo saudáveis, 31,4% (11/40) foram positivos para a imunocoloração, em comparação com uma incidência mais baixa de 11,4% (4/35) entre o grupo com DC e 10% (4/40) entre o grupo com CU, rácio ímpar = 0,28 e 0,24, respetivamente Tabela 4:9. Assim, os indivíduos HC apresentavam uma proteção de 72% e 76% contra a DC e a CU devido à presença de *H. pylori* no seu tecido intestinal.

Na maioria das biópsias de tecidos de HC, *a H. pylori* foi observada como uma bactéria curvada extracelular, encontrada principalmente sob a camada de muco em estreita relação com a superfície luminal das células epiteliais. Por vezes, *a H. pylori* é detectada no citoplasma (intracelular) das células epiteliais e no infiltrado inflamatório entre as glândulas e a área sub-mucosa (Figura 4-21).

Tabela 4- 9: Percentagem relativa da incidência de H. pylori em amostras de tecido entre os grupos de estudo.

			Grupos de estudo		
			HC	CD	UC
H. pylori	Negativo	Contagem	24	31	36
		%	68.6%	88.6%	90.0%
	Positivo	Contagem	11	4	4
		%	31.4%	11.4%	10.0%
Total		Contagem	35	35	40
		%	100.0%	100.0%	100.0%
OR (IC)				0.28 (0.079-0.99)	0.24 (0.07-0.85)
valor p				0.041*	0.020*

** = Diferença estatisticamente significativa ($p \leq 0,05$).*

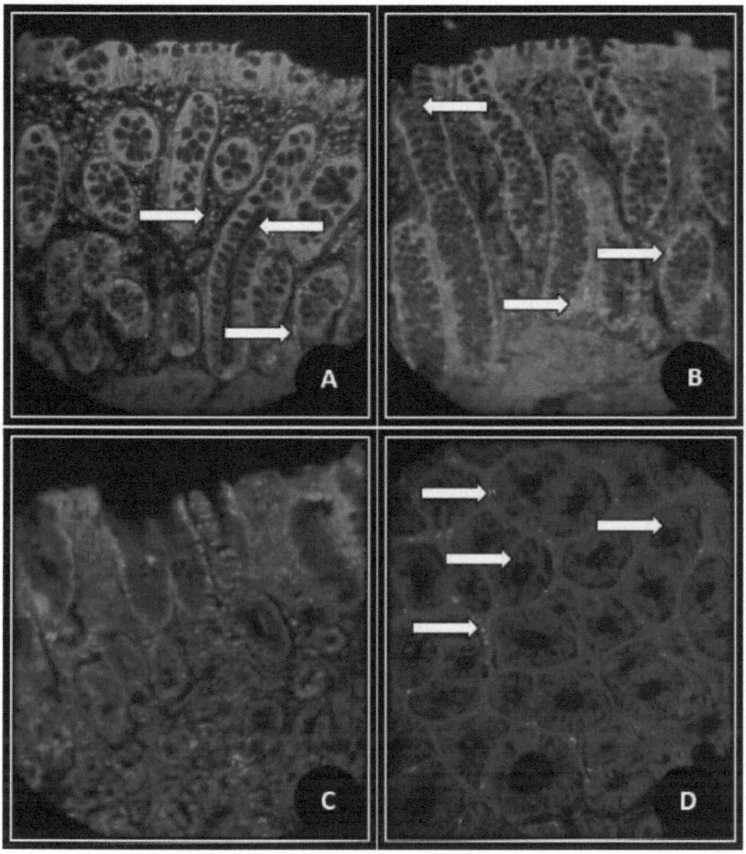

Figura 4- 21: ***Deteção por imunofluorescência indireta do antigénio H. pylori em secções de tecido fixadas em formalina e incluídas em parafina de doentes com DII e de controlo. A e D: UC. B: DC. A&B: mostrando H. pylori (setas) no lúmen da cripta como uma bactéria curvada extracelular D: localização de H. pylori na base das células da cripta e células inflamatórias entre as glândulas foram coradas com fluorescência verde. Ampliação original, x200. C. Secção de tecido do cólon de um doente com UC corada negativamente (sem adição de anticorpo específico).***

4.9.1. A associação da infeção por *H. pylori* com os fenótipos da DII:

De acordo com os fenótipos da doença e as apresentações clínicas dos doentes com DII (Tabela: 4-10), não existe associação estatisticamente significativa entre a prevalência de H. pylori e a idade ao diagnóstico (p=0,847), o comportamento da doença (p=0,355), a localização da DC (p=0,709), a localização da doença na CU (0,450), ou a presença de manifestações extra-intestinais (p=0,949) e a necessidade de cirurgia (p=0,949).

Tabela 4-10: Associação da incidência de H. pylori com a classificação de Montreal entre pacientes com DC.

		H. pylori					
		Negativo		Positivo			
		Contagem	%	Contagem	%	Total	valor p
Idade no momento do diagnóstico	A1 : Mais de 16 anos	3	100.0%	0	0.0%	3	0,847[NS]
	A2: 17-40 anos de idade	20	87.0%	3	13.0%	23	
	A3: Mais de 40 anos	8	88.9%	1	11.1%	9	
Total		31	88.6%	4	11.4%	35	
Comportamento da doença	B2: Estenosante	8	88.9%	1	11.1%	9	0,355[NS]
	B3: Penetração	17	94.4%	1	5.6%	18	
	B1: Inflamatório	6	75.0%	2	25.0%	8	
Total		31	88.6%	4	11.4%	35	
Localização da doença (CD)	L1: Ileal	3	75.0%	1	25.0%	4	0,709[NS]
	L2: Cólon	16	84.2%	3	15.8%	19	
	L3: Ileocolónica	12	100.0%	0	0.0%	12	
Total		31	88.6%	4	11.4%	35	
Localização da doença (UC)	E1: proctite ulcerosa	10	90.9%	1	9.1%	11	0,450[NS]
	E2: Lado esquerdo (UC)	18	94.7%	1	5.3%	19	
	E3: Colite extensa	8	80.0%	2	20.0%	10	
Total		36	102.9%	4	11.4%	40	
Manifestação extra-intestinal	Não	15	88.2%	2	11.8%	17	0,949[NS]
	Sim	16	88.9%	2	11.1%	18	
Total		31	88.6%	4	11.4%	35	
Cirurgia	Não	16	88.9%	2	11.1%	18	0,949[NS]
	Sim	15	88.2%	2	11.8%	17	
Total		31	88.6%	4	11.4%	35	

NS= não estatisticamente significativo (p>0,05)

4.9.2. A associação das variantes genotípicas e alélicas de ATG16L1 Thr300Ala com a infeção por H. pylori em doentes com DC:

Uma associação entre H. pylori e a variação genotípica e alélica de ATG16L1 foi resumida na Tabela 4-11. Os resultados mostraram que não houve associação estatística entre a prevalência de *H. pylori* e as variantes genotípicas e alélicas p=0,512 e 0,681, respetivamente.

Tabela 4-11: Associação da incidência de H. pylori com variantes genotípicas e alélicas de ATG16L1 em pacientes com DC.

		H. pylori				Valor P
		Negativo	%	Positivo	%	
Genótipo ATG16L1	AA	7	22.6%	1	25.0%	0,512[NS]
	AG	14	45.2%	1	25.0%	
	GG	10	32.3%	2	50.0%	
Alelo	A	28	45.2%	3	37.5%	0,681[NS]
	G	34	54.8%	5	62.5%	

NS= não estatisticamente significativo (p>0,05).

Capítulo 5

A autofagia é um processo celular que desempenha um papel na proteção contra a infeção, matando micróbios através da utilização de enzimas de degradação lisossomal. Especificamente, a ATG16L1 participa na biogénese do autofagossoma enquanto, no interior do fagossoma, a LC3C se liga ao complexo ubiquitina-micróbio [225,246]. Por outro lado, a ativação do ATG16L1 induzirá a produção de péptidos antimicrobianos (lisozima e defensinas) com base no reconhecimento pelos receptores toll-like do padrão molecular associado ao agente patogénico[247,248]. Em modelos animais, foi estudada a associação de agentes patogénicos entéricos comuns, como *a Helicobacter pylori*[24] e *o Norovírus*[249], e a variante genética ATG16L1 T300A. Este estudo testa a hipótese de que a autofagia defeituosa resulta na diminuição da depuração microbiana na mucosa intestinal, acompanhada pelo aumento de mediadores pró-inflamatórios, como a IL-17A, devido à resposta imunitária adaptativa compensatória agressiva.

5.1. A autofagia está ativa na mucosa intestinal saudável:

Neste estudo, foram utilizados ATG16L1, LC3C e lisozima como marcadores do processo de autofagia competente em amostras de tecido obtidas de diferentes grupos de estudo. Aqui, os resultados de controlos saudáveis sugerem fortemente que o processo de autofagia ativa estava presente na mucosa intestinal humana normal em certas regiões que são críticas para a remoção de micróbios juntamente com as células epiteliais da mucosa, como: Células de Paneth [250-252] células epiteliais[253] células inflamatórias[126] no seu respetivo papel na regulação da resposta imunitária e na manutenção da homeostasia intestinal com a microbiota luminal[254].

É interessante notar que cerca de 80% dos compartimentos celulares expressam a proteína ATG16L1 (principalmente os tipos de células acima mencionados). Esta percentagem sugere a existência do processo de autofagia, independentemente do tipo de via de autofagia (xenofagia, autofagia mediada por chaperões, mitofagia ou outras) na mucosa intestinal em diferentes fases de maturação do autofagossoma [255,256]. Estes resultados estão de acordo com um estudo recente que descreve o processo de autofagia ativa na mucosa do cólon normal[257]. A deteção de LC3C nas amostras de tecido do HC, mesmo em baixa percentagem (4,26±4,02), sugere a presença de autofagossomas contendo micróbios e a presença de lisozima (21,51±8,03) sugere uma função imunitária inata competente ativa. Parecem ser suficientes para refletir a eficiência das células normais da mucosa intestinal na manutenção da homeostasia com micróbios[258].

De facto, é difícil interpretar estes resultados, mas a importância da autofagia na resposta imunitária inata será explorada. No entanto, a autofagia detecta sinais de perigo mediados por receptores do tipo Toll (TLR)[259,260] e degrada seletivamente as bactérias engolidas, como é evidente pela presença de LC3C e lisozima nos tecidos. Esta exploração foi defendida por um estudo que descreve o direcionamento seletivo do vacúolo contendo bactérias pelo subtipo LC3C[261] através do reconhecimento da forma dimérica do complexo NDP52-galectina 8[262]. Por outro lado, a atividade antibacteriana da lisozima visa as ligações de peptidoglicano da parede celular através da quebra dos polímeros de peptidoglicano da parede celular bacteriana na ligação 1-4 entre os resíduos de ácido N-acetilmurâmico (NAM) e de N-acetilglucosamina (NAG)[263,264]. Assim, a lisozima e outros péptidos antimicrobianos, como as definisinas, actuam como mecanismo citoprotector na proteção do trato intestinal contra as bactérias luminais (micróbios)[265]

5.2. A variante genética ATG16L1 está associada à DC mas não à CU:

A principal função do sistema imunitário intestinal é manter um equilíbrio entre o reconhecimento e a eliminação de agentes patogénicos, mantendo as bactérias comensais e os antigénios alimentares. Barreira epitelial intestinal unicelular que separa o lúmen intestinal dos tecidos do hospedeiro. No entanto, a xenofagia, em particular, desempenha um papel fundamental neste mecanismo através das proteínas autofágicas[266]. A ATG16L1 participa na iniciação e no alongamento dos autofagossomas que envolvem os micróbios[13]. Os primeiros estudos de associação alargada do genoma em 2006 aumentaram o conhecimento da genética na DC, o rs2241880 da ATG16L1 foi identificado como um fator de risco na DC, mas não na CU[8].

A ATG16L1 representa uma molécula chave na rede de autofagia, sendo responsável pela localização subcelular da maquinaria de autofagia [15]. O SNP rs2241880 no gene que codifica a ATG16L1 provoca uma mudança do alelo A para o alelo G na posição 300. A presença do genótipo GG associado à doença resulta na substituição da treonina pela alanina (T300A).

Tanto quanto é do nosso conhecimento, acreditamos que este estudo é o primeiro no Iraque sobre o risco do gene relacionado com a autofagia 16 like 1 protein T300A SNP nas doenças inflamatórias intestinais. De acordo com os resultados da Tabela 4:4, a variante alélica ATG16L1 (T300A) está associada ao risco de desenvolvimento de DC. A variação T300A está presente em 58,1 % dos doentes com DC (vs. 51,3 % dos doentes de controlo sem DC) e tem sido fortemente associada a um risco acrescido de desenvolvimento de DC, mas não de CU [8,123]. A falta de associação com a colite ulcerosa e o rs2241880 sugere que os processos biológicos podem ser específicos da doença de Crohn. Este facto foi confirmado por vários estudos a nível mundial que mencionaram esta associação[5,8,123]. No entanto, o T300A não está associado à DC na Índia nem no Japão[267]. Neste estudo, encontrámos uma associação entre a necessidade de intervenção cirúrgica, o que sugere que o alelo de risco da DC pode desempenhar um papel na agressividade da doença, tal como o comportamento penetrante ou a inflamação grave devido à localização em tecidos mais profundos e a respostas inflamatórias graves por parte do hospedeiro. Esta sugestão foi defendida por um estudo efectuado por Rankin et al. que demonstrou que a presença do Citomegalovírus Humano no tecido intestinal conduz a hemorragias potencialmente fatais que acabam por necessitar de intervenção cirúrgica[268].

Assim, as consequências funcionais exactas do rs2241880 foram parcialmente exploradas recentemente (serão discutidas em conformidade). A proteína ATG16L1 humana tem um domínio ATG16 N-terminal constituído por bobinas enroladas e oito repetições WD C-terminais[269]. A mutação de substituição na posição 300 resulta numa troca de aminoácidos de treonina (polar) para alanina (não polar) no terminal N do domínio de repetição WD. A proteína resultante (proteína mutante) tem menor afinidade de ligação ao complexo ATG12-ATG5[270]. Além disso, Fujita et al. mostraram que o mutante Atg16L1 T300A tem pouco impacto na autofagia canónica e na autofagia contra *Salmonella enterica* serovar *Typhimurium.* Esta perspetiva aponta para um potencial papel fundamental da autofagia antibacteriana na patogénese da DC.

5.3. Doença de Crohn: é uma doença de imunodeficiência?

Ao longo dos anos, a doença de Crohn (DC) tem sido entendida principalmente como uma doença imunológica caracterizada por uma ativação excessiva das células T auxiliares do tipo 1 (TH1) com níveis elevados de interferão-γ e IL-2[271,272]. Estudos recentes utilizando modelos celulares e animais, bem como estudos clínicos, sugerem que uma resposta imune inata defeituosa a micróbio(s) luminal(ais) pode ser um passo inicial crítico no desenvolvimento da doença[273].

A lisozima faz parte da resposta imunitária inata e actua como péptido antimicrobiano. Dando ênfase ao papel da lisozima na eliminação de micróbios, este estudo testou a expressão da proteína lisozima tecidular como um conceito emergente de que a doença de Crohn é uma doença de imunodeficiência[274]. A avaliação da lisozima tecidular inclui três grandes compartimentos celulares: epitélio entérico, células inflamatórias e epitélio glandular. A deteção de lisozima nos tecidos intestinais de controlos saudáveis está de acordo com estudos correspondentes em seres humanos e noutras espécies, como os ratos[275,276]. No entanto, demonstraram uma abundância confinada aos grânulos secretores e lisossomas em células com atividade fagocítica como: granulócitos polimorfonucleares, monócitos, macrófagos, epitélio glandular e células de Paneth[145,277].

Os nossos resultados demonstraram que houve uma diminuição da expressão da lisozima tecidular na DC, mas não na CU, em comparação com os indivíduos com HC (Figura 4:8). Verificou-se uma expressão nitidamente mais baixa (mais uniforme do que nos HC) com uma expressão de lisozima semelhante a pequenos pontos ou fraca na maioria dos casos de DC (Figura 4:9). Os nossos resultados corroboram os de Fahlgren et al., que afirmaram um aumento da expressão da lisozima tecidular na CU e não na DC quando comparada com controlos saudáveis[242]. Até recentemente, um estudo realizado por Lassen, et al. em 2014 descobriu que esse polimorfismo contribui para reduzir os peptídeos antimicrobianos teciduais, como definsinas e lisozima (coloração citoplasmática basal ou fraca)[278]. Outros estudos sublinham a importância da proteína ATG16L1 como molécula chave na indução da síntese de péptidos antimicrobianos e a ausência ou defeito da proteína resultará em sinais deficientes essenciais para a autofagia[13,279]. Além disso, a lisozima cada vez mais reduzida nas células acima mencionadas e a maior percentagem de lisozima expressa estavam localizadas na posição basal (não excretada no lúmen das glândulas nem fundida com fagossomas em posições apicais no citoplasma da célula). Este resultado sugere um acondicionamento e secreção anormais de péptidos antimicrobianos nos doentes com DC. Isto poderia aumentar a sobrevivência microbiana e talvez a invasão nos tecidos subjacentes[280].

Como é que a lisozima influencia os doentes com DC? Os resultados da figura 4:10 mostraram que uma lisozima tecidual reduzida foi encontrada no comportamento da doença penetrante (7,46%) e provavelmente encontrada em pacientes que necessitam de cirurgia e prováveis portadores do alelo de risco da DC (Figura 4:16).

Estes resultados sugerem que os doentes que tinham a variante genética T300A e a pior apresentação clínica estão associados a uma menor expressão da proteína lisozima tecidular. Vários genes associados à DC, incluindo ATG16L1, NOD2 (domínio de oligomerização de ligação a nucleótidos contendo 2) e IRGM, têm sido associados a uma manipulação bacteriana intracelular deficiente. Estudos anteriores descobriram que o eixo ATG16L1-NOD2 é importante para manter a homeostase intracelular da mucosa e que o polimorfismo T300A perturba especificamente a autofagia antibacteriana [278,281]. Assim, o alelo associado à CD é menos capaz de matar a Salmonella[282]. Em consonância com a via da autofagia, um estudo recente realizado por VanDussen e os seus colegas em 2014 demonstrou que os casos de DC com um ou mais polimorfismos nos alelos de suscetibilidade tinham aumentado o defeito em comparação com os casos sem alelos de suscetibilidade. Com base nisso, sugerimos que a redução do peptídeo antimicrobiano não está relacionada a um único polimorfismo genético. A deficiência nos péptidos antimicrobianos leva a uma disfunção da barreira, devido à diminuição da eliminação antimicrobiana pela mucosa. Assim, a doença pode ocorrer quando existe um ponto de fuga na mucosa com péptidos antimicrobianos reduzidos e um maior número de micróbios não eliminados[156]. Isto acaba por dar origem à possibilidade de contrair uma infeção no intestino.

5.4. Acumulação de LC3C devido a xenofagia defeituosa:

Como discutimos acima, a associação entre a variante ATG16L1 rs2241880 e a expressão tecidular da proteína lisozima poderia explicar a ocorrência de imunodeficiência na DC. Aqui fornecemos a primeira evidência que define a ligação entre xenofagia defeituosa e a variante genética ATG16L1 T300A em amostras clínicas da DC.

A lipidação de LC3 (ATG8) induzida pela indução de ATG16L1, esta última induzirá a fosfatidiletanolamina (PE) da proteína LC3 por uma protease (Atg4), Atg7, e um análogo diferente de E2 (Atg3)[284] em LC3-A, a lipidação irreversível converte LC3-A em LC3-B. A LC3-B participa no alongamento dos autofagossomas e é induzida uma nova lipidação para se converter em LC3C. Foi relatado que a terceira isoforma (LC3C) tem um papel específico na captura de micróbios porque se liga especificamente ao complexo ubiquitina-micróbio durante a formação do autofagossoma[285]. A libertação da membrana nas fases finais da autofagia (fusão dos autofagossomas com os lisossomas). Curiosamente, os nossos dados mostraram um aumento da expressão da proteína LC3C nos doentes com DC (23,97%) quando comparados com a CU ou HC (Figura 4-10). A LC3C é expressa por células que se encontram com micróbios, células paneth das criptas, células inflamatórias e células epiteliais em biópsias de tecidos do grupo com DC. Com isso, essas células supostamente realizam a xenofagia, que é responsável pela captura e eliminação de micróbios na mucosa intestinal[266]. Além disso, a expressão de LC3C nos portadores do alelo G entre os pacientes com DC teve maior percentagem quando comparada com os portadores do alelo A. Por outro lado, os resultados relataram uma lisozima tecidual mais baixa na DC em comparação com a CU ou HC, e a expressão mais baixa encontrada entre os portadores do alelo G (Figura 4:15). Consequentemente, foi registada uma correlação inversa entre a DC em que uma maior expressão de LC3C estava associada a uma menor lisozima. Estes resultados sugerem uma depuração prejudicada de micróbios que está normalmente associada a doentes portadores do alelo G. Esta descoberta pode explicar a perda completa da função correta da proteína ATG16L1 em algumas destas células e apoiar o envolvimento do agente microbiano na etiologia da DC[11,286,287]. Estudos mostraram que este defeito na via da autofagia estava geralmente associado aos polimorfismos ATG16L1, NOD2 e IRGM1, que são frequentes na DC, prejudicando a eliminação de micróbios através de autofagia defeituosa nas células epiteliais intestinais, células dendríticas e células inflamatórias[217]. No entanto, é concebível que o atraso dos micróbios patogénicos (inteiros/partes) possa potencialmente resultar na natureza crónica/recidivante da doença[288]. Além disso, definimos as consequências mecanicistas desta variante genética em humanos e encontrámos uma relação inversa entre a lisozima tecidular e as proteínas LC3C (Figura 4:19A). Embora exista claramente uma base genética para a DC, devido à potencial complexidade da xenofagia e da imunodeficiência, propomos que a presença da variante genética ATG16L1 conduza à imunodeficiência com base na redução da expressão da lisozima tecidular e no processo de xenofagia defeituoso que se manifesta pelo aumento da acumulação da expressão tecidular de LC3C. Estes factores (em conjunto) conduzem à ausência de estruturas fago- lisossómicas, que são essenciais para a degradação dos micróbios fagocitados. A redução da autofagia antibacteriana nas células Atg16L1 T300A não é específica dos agentes patogénicos e sugere que vários factores microbianos ambientais podem estar associados à doença.

5.5. Infeção microbiana na DII: Existe uma relação?

Com base em estudos clínicos e experimentais, foi proposta a associação de agentes patogénicos entéricos comuns, como *a Helicobacter pylori*[24] e *o Norovírus*[249], com a variante genética ATG16L1 T300A.

5.5.1. Infeção humana por Norovírus:

Testámos a hipótese, num grupo de doentes iraquianos com DII, de que o Norovírus Humano pode causar doença inflamatória intestinal, para além da sua associação com o SNP ATG16L1 T300A na DII.

Os resultados mostraram que o Norovírus humano estava presente no tecido obtido de 9 DC

(25,7%) e 7 UC (17,5%) e não nos controlos normais. Superior a outras investigações, a localização tecidular do Norovírus foi conseguida neste estudo. Foi identificado na superfície do epitélio intestinal, nas células inflamatórias e na base das criptas (Figura 4:20). Isto sugere que o portal de entrada do Norovírus foi o epitélio intestinal, a fim de invadir tecidos mais profundos (epitélio glandular e células inflamatórias). Os nossos resultados são apoiados pela evidência de que a região C-terminal da principal proteína do capsídeo VP1 se liga aos sítios dos antigénios do grupo sanguíneo (HBGA) (sítio I, 325-331; sítio II, 340-346; sítio III, 373-381)[289,290]. Além disso, um estudo recente de Murakami et al., baseado na incubação de partículas virais com pedaços frescos de espécimes de intestino humano, relatou que as partículas de Norovírus se ligam e se internalizam nas células epiteliais e caliciformes[241]. Outro estudo verificou que a cultura *in vitro* de Norovírus com cultura de células revelou tropismo para células dendríticas e micrófagos[74].Com base em amostras clínicas obtidas de pacientes com DII, este estudo é o primeiro a relatar a associação entre o genótipo ATG16L1 T300A e a presença de Norovírus em amostras de tecido. Além disso, 50% dos doentes com DC portadores do genótipo GG foram infectados por Norovírus e 20% dos portadores do genótipo GA foram infectados. Este resultado apoia a hipótese de associação entre a genética do hospedeiro e a infeção viral, salientando a importância do processo de autofagia na eliminação de agentes patogénicos. É difícil identificar um único agente infecioso responsável pelas DII. Muitas bactérias e vírus podem causar gastroenterite. Curiosamente, o gene NOD2, associado à doença de Crohn, pode reconhecer o ARN viral, para além do peptidoglicano bacteriano[124,249], levantando a possibilidade de uma infeção viral poder ser influenciada pelas consequências funcionais da variação genética T300A. Um processo de autofagia competente medeia a produção de interferão-gama em resposta à infeção viral[291]. O IFN-γ tem um efeito degradativo e desempenha um papel fundamental no controlo da infeção pelo vírus sindbis[292], pelo vírus herpes simplex[293] e pelo vírus da imunodeficiência humana[294]. De facto, a atividade degradativa da autofagia contribui provavelmente para a atividade anti-patogénica de proteínas autofágicas como a ATG16L1[282]. Assim, a variante ATG16L1 T300A resulta em autofagia defeituosa (em particular Xenofagia) e a associação de uma maior prevalência de infeção por Norovírus entre os doentes com DC sugere um papel não degradativo da autofagia. Esta sugestão foi defendida por Hwang et al., que relataram que ratinhos *hipomórficos* para ATG16L1 (imita a proteína ATG16L1 mutante), após conjugação com o seu complexo ATG5 e ATG12, resultam em vacúolos autofágicos não-degradativos[295]. Além disso, a utilização de fármacos imunossupressores, como o Inflaximab (agente bloqueador do fator de necrose tumoral-alfa) e os corticosteróides, no tratamento de doentes com DII atenua o sistema imunitário do organismo, criando um bom ambiente para infecções oportunistas (virais, fúngicas e bacterianas)[296]. Além disso, uma composição microbiana anormal resulta num aumento de micróbios patogénicos no lúmen intestinal[297].

1.5.2. Infeção humana *por H. pylori*:

Sabe-se que a infeção por *H. pylori* está associada a gastrite, úlcera gástrica, doença do refluxo gastroesofágico (DRGE), cancro gástrico e lesão gástrica induzida por medicamentos anti-inflamatórios não esteróides (AINE)/ aspirina 9[0,298-30]1. Embora a presença de *H. pylori* também tenha sido detectada no intestino delgado[302]. Este estudo investigou a possível associação entre a infeção *por H. pylori* e as variantes genéticas ATG16L1 entre os doentes com DII. A prevalência de *H. pylori* em cada grupo de estudo foi estimada pelo método de coloração por imunofluorescência indireta. Registámos uma prevalência mais baixa de *H. pylori* entre os doentes com DII (DC =4/35 e CU=4/40) quando comparados com HC 11/40, sugerindo um papel protetor de *H. pylori* contra a colite OR=0,28, p=0,041 para DC e OR=0,24, p=0,020 para CU. Este achado está de acordo com vários estudos clínicos que mencionaram a menor associação entre *H. pylori* entre os doentes com DII em comparação com HC[26]. Este possível benefício protetor do *H. pylori* contra a colite não é expetável. Rad, et al[303] demonstraram que os indivíduos infectados com H. pylori expressam um nível mais elevado de Foxp3 (fator de transcrição regulador das células T). Além disso, a importância das Tregs na patogénese da DII pode ser ilustrada pelo fim da colite espontânea em ratinhos[304]. Também a transferência adotiva de Tregs inibe o desenvolvimento da colite experimental em vários modelos experimentais[305,306], sugerindo um papel essencial das T-reg na prevenção do desenvolvimento da colite[307]. Além disso, foi demonstrado que o ADN *da H. pylori* tem a capacidade de regular negativamente a resposta pró-inflamatória das DC[308], o que pode refletir um papel inesperado da *H. pylori* na influência da mucosa do intestino delgado. É plausível que o aumento do pH do intestino delgado possa proteger os danos na mucosa intestinal, *a H. pylori* protege a mucosa do intestino delgado contra danos, o que pode estabelecer uma relação estável com a flora bacteriana intestinal[309]. Outra explicação para o papel protetor desta bactéria contra a colite, os estudos mostraram que após a erradicação da *H. pylori* há uma exacerbação da lesão do intestino delgado induzida por AINE devido à disbiose. A administração de bactérias comensais enriquecidas com Bifidobacteria durante o tratamento com omeprazol e naproxeno previne a lesão intestinal e a hemorragia. Uma questão importante que se coloca aqui é a de saber quais são os factores tecidulares que levam à redução da *H. pylori* na DII em comparação com os indivíduos de controlo. A hipótese afirmava que a menor prevalência de infeção por *H. pylori* na DII tinha levado à noção de que existe um papel protetor do *H. pylori* contra a DII[27]. Repetimos que os nossos resultados estão em concordância com esta hipótese. Não existe uma resposta direta para a pergunta acima. Pensámos que poderá estar relacionada com o estado de polarização das células dendríticas. Foi relatado anteriormente que a infeção por *H. pylori* altera a polarização das células dendríticas de Th17 (pró-inflamatórias) para Treg (reguladoras ou anti-inflamatórias), o que pode influenciar a resposta imunológica no intestino[310,311]. Uma polarização anormal das células dendríticas entre os doentes com DII em direção a Th17 com uma expressão tecidular elevada de IL-17A poderia explicar a menor prevalência de *H. pylori*[312]. Relativamente à expressão tecidular da proteína IL-17A, os nossos resultados estão em concordância com os resultados previamente relatados em que um aumento da expressão tecidular de IL-17A foi encontrado tanto na DC como na CU por Sugihara[174], Fujino[313]. O aumento da IL-17A ocorre devido a uma polarização anormal das células dendríticas intestinais na presença de uma variante de risco da DC [126], ou devido a uma resposta imunitária agressiva compensatória a antigénios não processados[314]. Para além disso, foi encontrado um eixo IL-17A/IL23 anormal na DII [173,315]. Acreditamos que todas as explicações estão presentes em pacientes com DC ou CU. Foi amplamente relatado que o polimorfismo genético na via da autofagia está associado ao aumento do risco de DC (discutido acima) e ao reconhecimento defeituoso de micróbios por myd88 ou TLR tanto na DC como na CU[259,316]. A mutação genética da IL23R é muito frequente na DII [317-31]9. Outro estudo relatou um aumento da expressão de interleucina-10 nos gânglios linfáticos mesentéricos de ratinhos infectados com *H. pylori*, o que altera o ambiente imunológico do trato gastrointestinal inferior, fornecendo apoio mecanicista à observação epidemiológica de uma associação negativa entre o estatuto de *H. pylori* e o risco de DII[320]. São necessários mais estudos que investiguem o efeito da erradicação da H. pylori no risco de desenvolvimento de DII, para justificar o papel benéfico da H. pylori na prevenção da DII. Pensamos que *a H.*

pylori se encontra ativamente no tecido intestinal e prejudica a autofagia através do seu fator de virulência VAC-A e do aumento da sobrevivência intracelular[108], apesar de o aumento de il-17A poder ter um maior impacto na eliminação da *H. pylori* entre os doentes com DII.

1.6. A hipótese atual da patogénese da DC:

A maioria dos estudos genéticos funcionais tem como objetivo determinar a atividade funcional do gene transcrito através da supressão ou sobre-expressão do gene candidato. No entanto, este estudo clínico baseado em evidências segue estes estudos genéticos funcionais em doentes com DC. Este estudo abordou um mecanismo hipotético para a patogénese da DC. A este respeito, os resultados mostraram uma associação específica da ATG16L1 Thr300Ala com a DC mas não com a CU (discutida na secção 5.2), esta mutação na região codificadora irá alterar a função da proteína ATG16L1 e, em última análise, alterar o processo de autofagia. Para além disso, os peptídeos antimicrobianos reduzidos na DC estão associados ao alelo de risco da DC. Esta associação evidenciou um estado de deficiência imunitária inata nos doentes com DC (discutido na secção 5.3). Este estado de deficiência imunitária explora a elevada acumulação de micróbios contendo autofagossomas (como referido na secção 5.4). Este defeito funcional sequencial no processo de autofagia seria causado pelo alelo de risco da DC, que provoca uma resposta imunitária desregulada e um defeito na eliminação de micróbios na mucosa intestinal. Além disso, esta resposta imunitária inata aberrante resulta em citocinas pró-inflamatórias agressivas que acabam por estabelecer a patologia da doença e a inflamação intestinal crónica.

Estas evidências colectivas foram revistas por Scharl e Rogler [38], Parkes [321], Graham e Xavier [207], Brain, et al. [322], Zhang e Li [148] e outros. Sugerimos que a persistência da inflamação crónica se deve à persistência de agente(s) microbiano(s) na mucosa intestinal devido a uma manipulação celular defeituosa dos micróbios. Assim, a utilização de terapêutica anti-infecciosa ou de probióticos como tratamento para os doentes com DII é uma recomendação baseada em provas e proporciona uma identificação essencial das provas microbianas em cada doente. Esta sugestão foi defendida por Hommes et al., [324]

Capítulo 6:
Conclusões:

Tanto quanto é do nosso conhecimento, este é o primeiro estudo clínico baseado em provas que aborda a variante genética ATG16L1 T300A com parâmetros imunitários do hospedeiro, fenótipo clínico da doença e a sua associação com a infeção por Norovírus ou *H. pylori* na DC. O nosso estudo conclui o seguinte:

1. A variante genética ATG16L1 T300A (alelo de risco da DC) é um fator de risco para o desenvolvimento da DC e não da CU.
2. O alelo de risco da DC apresenta uma diminuição significativa da expressão da lisozima nos tecidos.
3. Alelo de risco da DC associado a um aumento da expressão tecidular da IL-17A.
4. Alelo de risco da DC associado a uma maior acumulação da proteína LC3C.
5. Alelo de risco da DC associado a manifestações extra-intestinais e à necessidade de intervenção cirúrgica.
6. A infeção por norovírus é um fator de risco entre os doentes com DII, com maior valor na DC.
7. Foi detectada uma interação entre a variante de risco da DC e a infeção por Norovírus na DC.
8. *O H. pylori* tem um papel protetor benéfico para a DII sem associação com variantes clínicas ou genéticas.

Recomendações:

Este estudo de caso controlado realçou a importância da associação da variante genética ATG16L1 T300A com parâmetros imunológicos, clínicos e microbiológicos; recomendamos o seguinte:

1. Re-avaliar os nossos resultados através da conceção de um estudo com uma população de maior dimensão para documentar melhor as nossas conclusões.
2. Avaliar a possível associação de outros genes da autofagia, como o NOD2 e o IRGM, com a suscetibilidade à doença entre os iraquianos.
3. A maior prevalência de agentes patogénicos virais (Norovirus) ou bacterianos (*H. pylori*) comuns na suscetibilidade à DC pode beneficiar de terapias baseadas em probióticos, antibióticos ou medicamentos antivirais para a prevenção e tratamento da DC.
4. Perfil de agentes patogénicos virais, bacterianos, fúngicos e protozoários comuns na sua associação com a DC e a CU.

Referências:

1. Shih DQ, Targan SR. Immunopathogenesis of inflammatory bowel disease (Imunopatogénese da doença inflamatória intestinal). *World J. Gastroenterol.* 2008;14(3):390-400.
2. Baumgart DC, Carding SR. Inflammatory bowel disease: cause and immunobiology (Doença inflamatória intestinal: causa e imunobiologia). *Lancet* 2007;369:1627-1640.
3. Cummings JRF, Cooney R, Pathan S, et al. Confirmação do papel do ATG16L1 como gene de suscetibilidade à doença de Crohn. *Inflamm. Bowel Dis.* 2007;13(8):941-6.
4. Fareed M, Afzal M. Single nucleotide polymorphism in genome-wide association of human population: Uma ferramenta para um serviço de largo espetro. *Egito. J. Med. Hum. Genet.* 2013;14(2):123-134.
5. Consórcio TWTCC. Estudo de associação do genoma de 14.000 casos de sete doenças comuns e 3.000 controlos partilhados. *Nature* 2007;447(7145):661-78.
6. Barrett JC, Hansoul S, Nicolae DL, et al. Genome-wide association defines more than thirty distinct susceptibility loci for Crohn's disease. *Nat. Genet.* 2009;40(8):955-962.
7. Lee JC, Parkes M. Genome-wide association studies and Crohn's disease (Estudos de associação do genoma e doença de Crohn). *Brief. Funct. Genomics* 2011;10(2):71-6.
8. Hampe J, Franke A, Rosenstiel P, et al. A genome-wide association scan of nonsynonymous SNPs identifies a susceptibility variant for Crohn disease in ATG16L1. *Nat. Genet.* 2007;39(2):207-11.
9. Rioux JD, Xavier RJ, Taylor KD, et al. Genome-wide association study identifies five novel susceptibility loci for Crohn's disease and implicates a role for autophagy in disease pathogenesis. *Nat. Genet.* 2009;39(5):596-604.
10. Zhou Z, Cottam E, Whelband M, Vaux L, Wileman T, Anglia E. Xenofagia e a remoção de agentes patogénicos intracelulares. *Autophagy* 2012;52(April):20-23.
11. Deretic V, Levine B. Autophagy, immunity, and microbial adaptations (Autofagia, imunidade e adaptações microbianas). *Cell Host Microbe* 2009;5(6):527-49.
12. Eskelinen E-L, Saftig P. Autophagy: a lysosomal degradation pathway with a central role in health and disease (Autofagia: uma via de degradação lisossómica com um papel central na saúde e na doença). *Biochim. Biophys. Ata* 2009;1793(4):664-73.
13. Cadwell K, Liu JY, Brown SL, et al. A key role for autophagy and the autophagy gene Atg16l1 in mouse and human intestinal Paneth cells. *Nature* 2008;456(7219):259-63.
14. Ishibashi K, Uemura T, Waguri S, Fukuda M. Atg16L1, um fator essencial para a autofagia canónica, participa na secreção hormonal das células PC12 independentemente da atividade autofágica. *Mol. Biol. Cell* 2012;23:3193-3202.
15. Jiang T, Qin B, He J, Lin S, Ding S. Three isoforms of the Atg16L1 protein contribute different autophagic properties. *Mol. Cell. Biochem.* 2013;378:257-66.
16. Kuballa P, Huett A, Rioux JD, Daly MJ, Xavier RJ. Autofagia prejudicada de um agente patogénico intracelular induzida por uma variante ATG16L1 associada à doença de Crohn. *PLoS One* 2008;3(10):e3391.
17. Lapaquette P, Bringer M-A, Darfeuille-Michaud A. Defeitos na autofagia favorecem a persistência de Escherichia coli aderente-invasiva nos macrófagos, levando a um aumento da resposta pró-inflamatória. *Cell. Microbiol.* 2012;14:791-807.
18. Morillo SG, Timenetsky MDCST. Norovírus: uma visão geral. *Rev. Assoc. Med. Bras.* 2011;57:453-8.
19. Glass RI, Parashar UD, Estes MK. Norovirus gastroenteritis. *N. Engl. J. Med.* 2009;361(18):1776-85.
20. Sartor RB, Mazmanian SK. Intestinal Microbes in Inflammatory Bowel Diseases. *Am. J. Gastroenterol. Suppl.* 2012;1(1):15-21.
21. Khan RR, Lawson AD, Minnich LL, et al. Infeção gastrointestinal por norovírus associada à exacerbação da doença inflamatória intestinal. *J. Pediatr. Gastroenterol. Nutr.* 2009;48(3):328-33.
22. Ward JM, Wobus CE, Thackray LB, et al. Patologia de ratinhos imunodeficientes com infeção por norovírus murino de ocorrência natural. *Toxicol. Pathol.* 2006;34(6):708-15.
23. Hubbard VM, Cadwell K. Vírus, genes de autofagia e doença de Crohn. *Vírus* 2011;3:1281-1311.
24. Raju D, Hussey S, Jones NL. O polimorfismo ATG16L1 da doença de Crohn aumenta a suscetibilidade à infeção por Helicobacter pylori em humanos. *Autophagy* 2012;8(9):1387-1388.
25. Petersen AM, Krogfelt KA. Helicobacter pylori: um micro-organismo invasor? Uma revisão. *FEMS Immunol. Med. Microbiol.* 2003;36(3):117-126.
26. Luther J, Dave M, Higgins PDR, Kao JY. Associação entre a infeção por Helicobacter pylori e a doença inflamatória intestinal: A meta-analysis and systematic review of the literature. *Inflamm. Bowel Dis.* 2010;16:1077-1084.
27. Matricon J, Barnich N, Ardid D. Immunopathogenesis of inflammatory bowel disease

(Imunopatogénese da doença inflamatória intestinal). *Self. Nonself.* 2010;1(4):299-309.
28. Owczarek D, Cibor D, Glowacki MK, Rodacki T, Mach T. Inflammatory bowel disease: epidemiology, pathology and risk factors for hypercoagulability. *World J. Gastroenterol.* 2014;20(1):53-63.
29. Satsangi J, Silverberg MS, Vermeire S, Colombel J-F. A classificação de Montreal da doença inflamatória intestinal: controvérsias, consenso e implicações. *Gut* 2006;55(6):749-53.
30. Baumgart DC, Sandborn WJ. Inflammatory bowel disease: clinical aspects and established and evolving therapies (Doença inflamatória intestinal: aspectos clínicos e terapias estabelecidas e em evolução). *Lancet* 2007;369:1641-1657.
31. Wallace KL, Zheng L-B, Kanazawa Y, Shih DQ. Immunopathology of inflammatory bowel disease (Imunopatologia da doença inflamatória intestinal). *World J. Gastroenterol.* 2014;20(1):6-21.
32. Kolho K, Klemola P, Simonen Tikka M-L, Ollonen M-L, Roivainen M. Enteric Viral Pathogens in Children With Inflammatory Bowel Disease. *J. Med. Virol.* 2012;347(84):345-347.
33. Flores J, Okhuysen PC. Genetics of Susceptibility to Infection with Enteric Pathogens (Genética da suscetibilidade à infeção por agentes patogénicos entéricos). *Curr. Opin. Infect. Dis.* 2010;22(5):471-476.
34. Xavier RJ, Podolsky DK. Unravelling the pathogenesis of inflammatory bowel disease (Desvendando a patogénese da doença inflamatória intestinal). *Nature* 2007;448:427-434.
35. Sartor RB. Mechanisms of disease: pathogenesis of Crohn's disease and ulcerative colitis (Mecanismos da doença: patogénese da doença de Crohn e da colite ulcerosa). *Nat. Clin. Pract. Gastroenterol. Hepatol.* 2006;3(7):390-407.
36. Sewell GW, Marks DJ, Segal AW. A imunopatogénese da doença de Crohn: um modelo em três fases. *Curr. Opin. Immunol.* 2009;21(5):506-13.
37. Qin X. Etiologia da doença inflamatória intestinal: Uma hipótese unificada. *World J. Gastroenterol.* 2012;18(15):1708.
38. Scharl M, Rogler G. Doença inflamatória intestinal: disfunção da autofagia? 2012;30:12-29.
39. Bibiloni R, Mangold M, Madsen KL, Fedorak RN, Tannock GW. The bacteriology of biopsies differs between newly diagnosed, untreated, Crohn's disease and ulcerative colitis patients. *J. Med. Microbiol.* 2006;55(Pt 8):1141-9.
40. Li Q, Wang C, Tang C, Li N, Li J. Caracterização molecular-filogenética da microbiota em regiões ulceradas e não ulceradas nos pacientes com doença de Crohn. *PLoS One* 2012;7.
41. Arnold GL, Beaves MR, Pryjdun VO, Mook WJ. Estudo preliminar da ciprofloxacina na doença de Crohn ativa. *Inflamm. Bowel Dis.* 2002;8(1):10-5.
42. Thia KT, Mahadevan U, Feagan BG, et al. Ciprofloxacin or metronidazole for the treatment of perianal fistulas in patients with Crohn's disease: a randomized, double-blind, placebo-controlled pilot study. *Inflamm. Bowel Dis.* 2009;15(1):17- 24.
43. Guslandi M. Rifaximin in the treatment of inflammatory bowel disease. *World J. Gastroenterol.* 2011;17(42):4643-6.
44. Duchmann R, Schmitt E, Knolle P, Meyer zum Büschenfelde KH, Neurath M. Tolerance towards resident intestinal flora in mice is abrogated in experimental colitis and restored by treatment with interleukin-10 or antibodies to interleukin- 12. *Eur. J. Immunol.* 1996;26:934-938.
45. Rath HC, Herfarth HH, Ikeda JS, et al. As bactérias luminais normais, especialmente as espécies de Bacteroides, medeiam a colite crónica, a gastrite e a artrite em ratos transgénicos HLA-B27/microglobulina beta2 humana. *J. Clin. Invest.* 1996;98:945-953.
46. Sellon RK, Tonkonogy S, Schultz M, et al. As bactérias entéricas residentes são necessárias para o desenvolvimento de colite espontânea e ativação do sistema imunitário em ratos deficientes em interleucina-10. *Infect. Immun.* 1998;66:5224-5231.
47. Kleer CG, Appelman HD. Patologia cirúrgica da doença de Crohn. *Surg. Clin. North Am.* 2001;81(1):13-30.
48. Willing B, Halfvarson J, Dicksved J, et al. Estudos com gémeos revelam desequilíbrios específicos no microbiota associado à mucosa de doentes com doença de Crohn ileal. *Inflamm. Bowel Dis.* 2009;15:653-660.
49. Mondot S, Kang S, Furet JP, et al. Highlighting new phylogenetic specificities of Crohn's disease microbiota. *Inflamm. Bowel Dis.* 2011;17:185-192.
50. Sokol H, Pigneur B, Watterlot L, et al. Faecalibacterium prausnitzii é uma bactéria comensal anti-inflamatória identificada pela análise do microbiota intestinal de doentes com doença de Crohn. *Proc. Natl. Acad. Sci. U. S. A.* 2008;105:16731-16736.
51. Sokol H, Seksik P, Rigottier-Gois L, et al. Specificities of the fecal microbiota in inflammatory bowel disease. *Inflamm. Bowel Dis.* 2006;12:106-111.
52. Joossens M, Huys G, Cnockaert M, et al. Disbiose da microbiota fecal em doentes com doença de Crohn

e nos seus familiares não afectados. *Gut* 2011;60:631- 637.
53. Hata K, Andoh A, Sato H, et al. Alterações sequenciais na microflora luminal e na expressão de citocinas da mucosa durante o desenvolvimento de colite em ratos transgénicos HLA-B27/beta2-microglobulina. *Scand. J. Gastroenterol.* 2001;36(11):1185-92.
54. Rath HC, Schultz M, Freitag R, et al. Different subsets of enteric bacteria induce and perpetuate experimental colitis in rats and mice. *Infect. Immun.* 2001;69(4):2277-85.
55. Elson CO, Cong Y, McCracken VJ, Dimmitt RA, Lorenz RG, Weaver CT. Modelos experimentais de doença inflamatória intestinal revelam mecanismos inatos, adaptativos e reguladores do diálogo do hospedeiro com o microbiota. *Immunol. Rev.* 2005;206:260-76.
56. Onderdonk AB, Hermos JA, Bartlett JG. The role of the intestinal microflora in experimental colitis. *Am. J. Clin. Nutr.* 1977;30(11):1819-25.
57. Fujiyama Y, Andoh A. [Disbiose na doença inflamatória intestinal]. *Nihon Rinsho.* 2012;70 Suppl 1:79-84.
58. Karst SM. *Pathogenesis of Noroviruses, Emerging RNA Viruses*; 2010:748-81.
59. Gould LH, Walsh K a, Vieira AR, et al. Vigilância de surtos de doenças de origem alimentar - Estados Unidos, 1998-2008. *MMWR. Surveill. Summ.* 2013;62:1-34.
60. Parrino TA, Schreiber DS, Trier JS, Kapikian AZ, Blacklow NR. Imunidade clínica na gastroenterite aguda causada pelo agente Norwalk. *N. Engl. J. Med.* 1977;297:86-89.
61. Johnson PC, Mathewson JJ, DuPont HL, Greenberg HB. Multiple-challenge study of host susceptibility to Norwalk gastroenteritis in US adults (Estudo de desafios múltiplos da suscetibilidade do hospedeiro à gastroenterite de Norwalk em adultos dos EUA). *J. Infect. Dis.* 1990;161:18-21.
62. Estes MK, Prasad BV, Atmar RL. Norovírus em todo o lado: alguma coisa mudou? *Curr. Opin. Infect. Dis.* 2006;19:467-474.
63. Kirkwood CD, Streitberg R. Calicivirus shedding in children after recovery from diarrhoeal disease. *J. Clin. Virol.* 2008;43:346-348.
64. Murata T, Katsushima N, Mizuta K, Muraki Y, Hongo S, Matsuzaki Y. Prolongada eliminação de norovírus em bebés <ou=6 meses de idade com gastroenterite. *Pediatr. Infect. Pediatr Dis. J.* 2007;26:46-49.
65. Sakai Y, Nakata S, Honma S, Tatsumi M, Numata-Kinoshita K, Chiba S. Gravidade clínica da gastroenterite provocada pelo vírus Norwalk e pelo vírus Sapporo em crianças de Hokkaido, Japão. *Pediatr. Infect. Dis. J.* 2001;20:849-853.
66. Zintz C, Bok K, Parada E, et al. Prevalência e caraterização genética de calicivírus em crianças hospitalizadas por gastroenterite aguda nos Estados Unidos. *Infect. Genet. Evol.* 2005;5:281-290.
67. Goodgame R. Norovirus gastroenteritis. *Curr. Infect. Dis. Rep.* 2007;9:102-109.
68. Gallimore CI, Lewis D, Taylor C, Cant A, Gennery A, Gray JJ. Excreção crónica de um norovírus numa criança com hipoplasia capilar da cartilagem (CHH). *J. Clin. Virol.* 2004;30:196-204.
69. Morotti RA, Kaufman SS, Fishbein TM, et al. Infeção por calicivírus em receptores pediátricos de transplante de intestino delgado: Pathological considerations. *Hum. Pathol.* 2004;35:1236-1240.
70. Gallimore CI, Taylor C, Gennery AR, et al. Monitorização ambiental de vírus gastroentéricos numa unidade pediátrica de imunodeficiência primária. *J. Clin. Microbiol.* 2006;44:395-399.
71. Kaufman SS, Chatterjee NK, Fuschino ME, et al. *Enterite por Calicivírus num Recetor de Transplante Intestinal.* Jornal americano de transplante: jornal oficial da Sociedade Americana de Transplante e da Sociedade Americana de Cirurgiões de Transplante 3, 764-768 (2003).
72. Hall AJ, Lopman BA, Payne DC, et al. Doença por norovírus nos Estados Unidos. *Emerg. Infect. Dis.* 2013;19:1198-205.
73. Lopman BA, Reacher MH, Vipond IB, Sarangi J, Brown DWG. Clinical manifestation of norovirus gastroenteritis in health care settings. *Clin. Infect. Dis.* 2004;39:318-324.
74. Wobus CE, Karst SM, Thackray LB, et al. A replicação de Norovirus em cultura celular revela um tropismo para células dendríticas e macrófagos. *PLoS Biol.* 2004;2(12):e432.
75. Oldstone MBA. Persistência viral: Parâmetros, mecanismos e previsões futuras. *Virologia* 2006;344:111-118.
76. Lee N, Chan MCW, Wong B, et al. Concentração viral fecal e diarreia na gastroenterite por norovírus. *Emerg. Infect. Dis.* 2007;13:1399-1401.
77. Tu ET V, Bull RA, Kim MJ, et al. Norovirus excretion in an aged-care setting. *J. Clin. Microbiol.* 2008;46:2119-2121.
78. Okhuysen PC, Jiang X, Ye L, Johnson PC, Estes MK. Derramamento viral e resposta da IgA fecal após a infeção pelo vírus Norwalk. *J. Infect. Dis.* 1995;171:566-569.
79. Parashar UD, Dow L, Fankhauser RL, et al. An outbreak of viral gastroenteritis associated with

consumption of sandwiches: implications for the control of transmission by food handlers. *Epidemiol. Infect.* 1998;121:615-621.
80. Wyatt RG, Dolin R, Blacklow NR, et al. Comparação de três agentes de gastroenterite infecciosa aguda não bacteriana através de um desafio cruzado em voluntários. *J. Infect. Dis.* 1974;129(6):709-14.
81. Fankhauser RL, Noel JS, Monroe SS, Ando T, Glass RI. Molecular epidemiology of "Norwalk-like viruses" in outbreaks of gastroenteritis in the United States. *J. Infect. Dis.* 1998;178:1571-1578.
82. Madore HP, Treanor JJ, Buja R, Dolin R. Antigenic relatedness among the Norwalk-like agents by serum antibody rises. *J. Med. Virol.* 1990;32:96-101.
83. Estes MK, Ball JM, Crawford SE, et al. Vacinas de partículas semelhantes a vírus para imunização da mucosa. *Adv. Exp. Med. Biol.* 1997;412:387-395.
84. Dunn BE, Cohen H, Blaser MJ. Helicobacter pylori. *Clin. Microbiol. Rev.* 1997;10:720-41.
85. O' Toole PW, Lane MC, Porwollik S. Helicobacter pylori motility. *Microbes Infect.* 2000;2:1207-1214.
86. Marshall BJ, Warren JR. Bacilos curvos não identificados no estômago de pacientes com gastrite e ulceração péptica. *Lancet* 1984;1:1311-1315.
87. Parsonnet J, Hansen S, Rodriguez L, et al. Helicobacter pylori infection and gastric lymphoma. *N. Engl. J. Med.* 1994;330:1267-1271.
88. Leung WK, Lin S-R, Ching JYL, et al. *Factores que Predizem a Progressão da Metaplasia Intestinal Gástrica: Results of a Randomised Trial on Helicobacter Pylori Eradication*; 2004:1244-1249.
89. Watanabe T, Tada M, Nagai H, Sasaki S, Nakao M. Helicobacter pylori infection induces gastric cancer in mongolian gerbils. *Gastroenterology* 1998;115:642- 648.
90. Parsonnet J, Friedman GD, Vandersteen DP, et al. Helicobacter pylori infection and the risk of gastric carcinoma. *N. Engl. J. Med.* 1991;325:1127-1131.
91. Forman D, Newell DG, Fullerton F, et al. Association between infection with Helicobacter pylori and risk of gastric cancer: evidence from a prospective investigation. *BMJ* 1991;302:1302-1305.
92. Grupo de Trabalho da IARC para a Avaliação dos Riscos Carcinogénicos para os Seres Humanos. Esquistossomas, vermes do fígado e Helicobacter pylori. *IARC Monogr Eval Carcinog Risks Hum* 1994;61:1-241.
93. Höcker M, Hohenberger P. Helicobacter pylori virulence factors--one part of a big picture. *Lancet* 2003;362:1231-1233.
94. Malfertheiner P, Selgrad M, Bornschein J. Helicobacter pylori: gestão clínica. *Curr. Opin. Gastroenterol.* 2012;28:608-14.
95. Goh K-L, Chan W-K, Shiota S, Yamaoka Y. Epidemiologia da Infeção por Helicobacter pylori e Implicações para a Saúde Pública. *Helicobacter* 2011;16 Suppl 1:19.
96. Amieva MR, El-Omar EM. Interações entre o hospedeiro e a bactéria na infeção por Helicobacter pylori. *Gastroenterology* 2008;134:306-323.
97. Allen LA, Schlesinger LS, Kang B. Virulent strains of Helicobacter pylori demonstrate delayed phagocytosis and stimulate homotypic phagosome fusion in macrophages. *J. Exp. Med.* 2000;191:115-128.
98. Wang Y-H, Wu J-J, Lei H-Y. A indução autofágica em macrófagos infectados com Helicobacter pylori. *Exp. Biol. Med. (Maywood).* 2009;234:171-180.
99. Allen L -a. H. Modulating Phagocyte Activation: Os prós e contras dos factores de virulência da Helicobacter pylori. *J. Exp. Med.* 2000;191(9):1451-1454.
100. Allen LAH. Phagocytosis and persistence of Helicobacter pylori. *Cell. Microbiol.* 2007;9:817-828.
101. Wang Y-H, Gorvel J-P, Chu Y-T, Wu J-J, Lei H-Y. Helicobacter pylori prejudica as respostas das células dendríticas murinas à infeção. *PLoS One* 2010;5:e10844.
102. Cemma M, Brumell JH. Interações de Bactérias Patogénicas com Sistemas de Autofagia. *Curr. Biol.* 2012;22:R540-R545.
103. Chu Y-T, Wang Y-H, Wu J-J, Lei H-Y. Invasão e multiplicação de Helicobacter pylori em células epiteliais gástricas e implicações para a resistência aos antibióticos. *Infect. Immun.* 2010;78:4157-4165.
104. Tang B, Li N, Gu J, et al. A autofagia comprometida por MIR30B beneficia a sobrevivência intracelular da Helicobacter pylori. *Autophagy* 2012;8(7):1045-57.
105. Wang YH, Wu JJ, Lei HY. Quando a Helicobacter pylori invade e se replica nas células. *Autofagia* 2009;5:540-542.
106. Friswell M, Campbell B, Rhodes J. The role of bacteria in the pathogenesis of inflammatory bowel disease (O papel das bactérias na patogénese da doença inflamatória intestinal). *Gut Liver* 2010;4:295-306.
107. Deen NS, Huang SJ, Gong L, Kwok T, Devenish RJ. O impacto dos processos autofágicos no destino intracelular do Helicobacter pylori: mais truques de um patógeno enigmático? *Autophagy* 2013;9(5):639-52.
108. Raju D, Hussey S, Ang M, et al. Vacuolating cytotoxin and variants in Atg16L1 that disrupt autophagy

promote helicobacter pylori infection in humans. *Gastroenterology* 2012;142:1160-1171.
109. De Duve C, Wattiaux R. Functions of lysosomes. *Annu. Rev. Physiol.* 1966;28:435-92.
110. Reggiori F, Komatsu M, Finley K, Simonsen A. Autophagy: more than a nonselective pathway (Autofagia: mais do que uma via não selectiva). *Int. J. Cell Biol.* 2012;2012(Figura 1):219625.
111. Pyo J-O, Nah J, Jung Y-K. Moléculas e suas funções na autofagia. *Exp. Mol. Med.* 2012;44:73.
112. Tanida I. Noções básicas de autofagia. *Microbiol. Immunol.* 2011;55:1-11.
113. He C, Klionsky DJ. Mecanismos de regulação e vias de sinalização da autofagia. *Annu. Rev. Genet.* 2009;43:67-93.
114. Homer CR, Richmond AL, Rebert NA, Achkar J, McDonald C. ATG16L1 e NOD2 interagem numa via antibacteriana dependente de autofagia implicada na patogénese da doença de Crohn. *Gastroenterologia* 2010;139.
115. Parkes M. O universo genético da doença de Crohn e da colite ulcerosa. *Dig. Dis.* 2012;30 Suppl 1:78-81.
116. Pryor PR, Luzio JP. Entrega de proteínas de membrana endocitadas ao lisossoma. *Biochim. Biophys. Ata* 2009;1793(4):615-24.
117. Kuma A, Mizushima N, Ishihara N, Ohsumi Y. Formação do complexo multimérico Apg12-Apg5.Apg16 com cerca de 350 kDa, mediada por Apg16
oligomerização, é essencial para a autofagia na levedura. *J. Biol. Chem.* 2002;277(21):18619-25.
118. Mizushima N, Noda T, Ohsumi Y. O Apg16p é necessário para a função do conjugado Apg12p-Apg5p na via da autofagia da levedura. *EMBO J.* 1999;18(14):3888-96.
119. Mizushima N. Mouse Apg16L, uma nova proteína WD-repeat, tem como alvo a membrana de isolamento autofágico com o conjugado Apg12-Apg5. *J. Cell Sci.* 2003;116(9):1679-1688.
120. Mizushima N, Yamamoto A, Hatano M, et al. Dissecção da formação de autofagossomas utilizando células estaminais embrionárias de rato deficientes em Apg5. *J. Cell Biol.* 2001;152:657-668.
121. Fujita N, Itoh T, Omori H, Fukuda M, Noda T, Yoshimori T. O complexo Atg16L especifica o local de lipidação do LC3 para a biogénese da membrana na autofagia. *Mol. Biol. Cell* 2008;19(May):2092-2100.
122. Hanada T, Noda NN, Satomi Y, et al. O conjugado Atg12-Atg5 tem uma nova atividade do tipo E3 para a lipidação de proteínas na autofagia. *J. Biol. Chem.* 2007;282:37298- 37302.
123. Rioux JD, Xavier RJ, Taylor KD, et al. Genome-wide association study identifies new susceptibility loci for Crohn disease and implicates autophagy in disease pathogenesis. *Nat.Genet.* 2007;39:596-604.
124. Homer CR, Richmond AL, Rebert N a, Achkar J-P, McDonald C. ATG16L1 e NOD2 interagem numa via antibacteriana dependente de autofagia implicada na patogénese da doença de Crohn. *Gastroenterology* 2010;139(5):1630-41, 1641.e1- 2.
125. Kaser A, Blumberg RS. Autofagia, deteção microbiana, stress do retículo endoplasmático e função epitelial na doença inflamatória intestinal. *Gastroenterology* 2011;140(6):1738-47.
126. Strisciuglio C, Duijvestein M, Verhaar AP, et al. A autofagia prejudicada leva a interações anormais entre células dendríticas e células epiteliais. *J. Crohn's Colitis* 2013;7:534- 541.
127. Ichimura Y, Kirisako T, Takao T, et al. A ubiquitin-like system mediates protein lipidation. *Nature* 2000;408:488-492.
128. Kirisako T, Baba M, Ishihara N, et al. O processo de formação do autofagossoma é rastreado com Apg8/Aut7p na levedura. *J. Cell Biol.* 1999;147:435-446.
129. Kirisako T, Ichimura Y, Okada H, et al. A modificação reversível regula o estado de ligação à membrana de Apg8/Aut7, essencial para a autofagia e a via de direcionamento do citoplasma para o vacúolo. *J. Cell Biol.* 2000;151:263-276.
130. Kabeya Y, Mizushima N, Ueno T, et al. LC3, um homólogo de mamífero da levedura Apg8p, está localizado nas membranas dos autofagossomas após o processamento. *EMBO J.* 2000;19:5720-5728.
131. Huang WP, Scott S V, Kim J, Klionsky DJ. O itinerário de um componente da vesícula, Aut7p/Cvt5p, termina no vacúolo da levedura através das vias de autofagia/Cvt. *J. Biol. Chem.* 2000;275:5845-5851.
132. Moreau K, Luo S, Rubinsztein DC. Cytoprotective roles for autophagy. *Curr. Opin. Cell Biol.* 2010;22:206-211.
133. Nakagawa I, Amano A, Mizushima N, et al. Autophagy defends cells against invading group A Streptococcus. *Science* 2004;306:1037-1040.
134. Birmingham CL, Canadien V, Kaniuk NA, Steinberg BE, Higgins DE, Brumell JH. Listeriolysin O permite a replicação de Listeria monocytogenes em vacúolos de macrófagos. *Nature* 2008;451:350-354.
135. Kageyama S, Omori H, Saitoh T, et al. O mecanismo de recrutamento de LC3 é separado da formação de membrana dependente de Atg9L1 na resposta autofágica contra Salmonella. *Mol. Biol. Cell* 2011;22:2290-2300.

136. Yamaguchi H, Nakagawa I, Yamamoto A, Amano A, Noda T, Yoshimori T. Um passo inicial da formação de vacúolos semelhantes a autofagossomas contendo gás requer Rab7. *PLoS Pathog.* 2009;5.
137. Zheng YT, Shahnazari S, Brech A, Lamark T, Johansen T, Brumell JH. A proteína adaptadora p62/SQSTM1 direciona as bactérias invasoras para a via da autofagia. *J. Immunol.* 2009;183:5909-5916.
138. Perrin AJ, Jiang X, Birmingham CL, So NSY, Brumell JH. Recognition of bacteria in the cytosol of mammalian cells by the ubiquitin system (Reconhecimento de bactérias no citosol de células de mamíferos pelo sistema de ubiquitina). *Curr. Biol.* 2004;14:806-811.
139. Olagnier D, Hiscott J. Breaking the barrier: membrane fusion triggers innate antiviral immunity. *Nat. Immunol.* 2012;13:713-715.
140. Dong X, Levine B. Autophagy and Viruses: Adversários ou aliados? *J. Innate Immun.* 2014;5(5):480-493.
141. Richetta C, Grégoire IP, Verlhac P, et al. A autofagia sustentada contribui para a infecciosidade do vírus do sarampo. *PLoS Pathog.* 2013;9(9):e1003599.
142. Beale R, Wise H, Stuart A, Digard P, Randow F. O papel de um motivo da região de interação LC3 no influenza M2. *Lancet* 2014;383:S24.
143. Snijder EJ, van der Meer Y, Zevenhoven-Dobbe J, et al. Ultra-estrutura e origem das vesículas membranares associadas ao complexo de replicação do coronavírus da síndrome respiratória aguda grave. *J. Virol.* 2006;80(12):5927-40.
144. Maier HJ, Britton P. Involvement of autophagy in coronavirus replication (Envolvimento da autofagia na replicação do coronavírus). *Viruses* 2012;4(12):3440-51.
145. Klockars M, Reitamo S. Tissue distribution of lysozyme in man. *J. Histochem. Cytochem.* 1975;23:932-940.
146. Coutinho HB, da Mota HC, Coutinho VB, et al. Ausência de lisozima (muramidase) nas células de Paneth intestinais de recém-nascidos com enterocolite necrosante. *J. Clin. Pathol.* 1998;51:512-514.
147. Porter EM, Bevins CL, Ghosh D, Ganz T. The multifaceted Paneth cell. *Cell. Mol. Life Sci.* 2002;59:156-170.
148. Zhang Y-Z, Li Y-Y. Doença inflamatória intestinal: Patogénese. *World J Gastroenterol* 2014;20:91-99.
149. Deretic V. Links between autophagy, innate immunity, inflammation and Crohn's disease. *Dig. Dis.* 2009;27:246-251.
150. Cadwell K, Patel KK, Maloney NS, et al. A interação entre o vírus e o gene de suscetibilidade determina os fenótipos do gene Atg16L1 da doença de Crohn no intestino. *Cell* 2010;141:1135-1145.
151. Fritz JH, Le Bourhis L, Magalhaes JG, Philpott DJ. O reconhecimento imunitário inato na barreira epitelial impulsiona a imunidade adaptativa: As APCs ocupam o lugar de trás. *Trends Immunol.* 2008;29:41-49.
152. Salim SY, Söderholm JD. Importância da rutura da barreira intestinal nas doenças inflamatórias intestinais. *Inflamm. Bowel Dis.* 2011;17:362-381.
153. Van der Sluis M, De Koning B a E, De Bruijn ACJM, et al. Os ratinhos deficientes em Muc2 desenvolvem espontaneamente colite, indicando que o MUC2 é fundamental para a proteção do cólon. *Gastroenterology* 2006;131(1):117-29.
154. Ouellette AJ. Paneth cell α-defensins in enteric innate immunity. *Cell. Mol. Life Sci.* 2011;68:2215-2229.
155. Peeters T, Vantrappen G. The Paneth cell: a source of intestinal lysozyme (A célula de Paneth: uma fonte de lisozima intestinal). *Gut* 1975;16(7):553-8.
156. Wehkamp J, Schmid M, Fellermann K, Stange EF. Defensin deficiency, intestinal microbes, and the clinical phenotypes of Crohn's disease. *J. Leukoc. Biol.* 2005;77(4):460-5.
157. Walsh D, McCarthy J, O'Driscoll C, Melgar S. Receptores de reconhecimento de padrões - orquestradores moleculares da inflamação na doença inflamatória intestinal. *Cytokine Growth Fator Rev.* 2013;24(2):91-104.
158. Yano T, Kurata S. Intracellular recognition of pathogens and autophagy as an innate immune host defence. *J. Biochem.* 2011;150(2):143-9.
159. Travassos LH, Carneiro L a M, Ramjeet M, et al. Nod1 e Nod2 dirigem a autofagia através do recrutamento de ATG16L1 para a membrana plasmática no local de entrada da bactéria. *Nat. Immunol.* 2010;11(1):55-62.
160. Cooney R, Baker J, Brain O, et al. A estimulação do NOD2 induz a autofagia nas células dendríticas, influenciando a manipulação bacteriana e a apresentação de antigénios. *Nat. Med.* 2010;16(1):90-7.
161. Fritz JH, Le Bourhis L, Sellge G, et al. O reconhecimento imune inato de peptidoglicanos mediado por Nod1 contribui para o início da imunidade adaptativa. *Immunity* 2007;26:445-459.

162. Magalhaes JG, Fritz JH, Le Bourhis L, et al. Nod2-dependent Th2 polarization of antigen-specific immunity. *J. Immunol.* 2008;181:7925-7935.
163. Breese E, Braegger CP, Corrigan CJ, Walker-Smith JA, MacDonald TT. Interleukin-2- and interferon-gamma-secreting T cells in normal and diseased human intestinal mucosa. *Immunology* 1993;78(1):127-31.
164. Geremia A, Biancheri P, Allan P, Corazza GR, Di Sabatino A. Innate and adaptive immunity in inflammatory bowel disease. *Autoimmun. Rev.* 2014;13(1):3-10.
165. Heller F, Florian P, Bojarski C, et al. Interleukin-13 Is the Key Effector Th2 Cytokine in Ulcerative Colitis That Affects Epithelial Tight Junctions, Apoptosis, and Cell Restitution. *Gastroenterology* 2005;129(2):550-564.
166. Fuss IJ, Heller F, Boirivant M, et al. As células T NK não clássicas restritas a CD1d que produzem IL-13 caracterizam uma resposta Th2 atípica na colite ulcerosa. *J. Clin. Invest.* 2004;113(10):1490-7.
167. Di Sabatino A, Biancheri P, Rovedatti L, MacDonald TT, Corazza GR. New pathogenic paradigms in inflammatory bowel disease. *Inflamm. Bowel Dis.* 2012;18:368-71.
168. Bettelli E, Carrier Y, Gao W, et al. Vias de desenvolvimento recíprocas para a geração de células TH17 patogénicas efectoras e células T reguladoras. *Nature* 2006;441:235-238.
169. Mangan PR, Harrington LE, O'Quinn DB, et al. O fator de crescimento transformador beta induz o desenvolvimento da linhagem T(H)17. *Nature* 2006;441:231-234.
170. Veldhoen M, Hocking RJ, Atkins CJ, Locksley RM, Stockinger B. O TGFb no contexto de um meio de citocinas inflamatórias apoia a diferenciação de novo das células T produtoras de IL-17. *Immunity* 2006;24:179-189.
171. Bettelli E, Korn T, Oukka M, Kuchroo VK. Indução e funções efectoras das células T(H)17. *Nature* 2008;453:1051-1057.
172. Zhou L, Ivanov II, Spolski R, et al. A IL-6 programa a diferenciação das células T(H)-17 promovendo o envolvimento sequencial das vias IL-21 e IL-23. *Nat. Immunol.* 2007;8(9):967-74.
173. Kobayashi T, Okamoto S, Hisamatsu T, et al. IL23 regula diferencialmente o equilíbrio Th1/Th17 na colite ulcerosa e na doença de Crohn. *Gut* 2008;57(12):1682-9.
174. Sugihara T, Kobori A, Imaeda H, et al. O aumento da expressão do ARNm do complemento C3 e da interleucina-17 na mucosa na doença inflamatória intestinal. *Clin. Exp. Immunol.* 2010;160(3):386-93.
175. Hovhannisyan Z, Treatman J, Littman DR, Mayer L. Characterization of interleukin-17-producing regulatory T cells in inflamed intestinal mucosa from patients with inflammatory bowel diseases. *Gastroenterology* 2011;140(3):957- 65.
176. Monteleone G, Monteleone I, Fina D, et al. A interleucina-21 melhora a sinalização das células T-helper tipo I e a produção de interferão-γ na doença de Crohn. *Gastroenterology* 2005;128(3):687-694.
177. Sarra M, Monteleone I, Stolfi C, et al. Interferon-gamma-expressing cells are a major source of interleukin-21 in inflammatory bowel diseases. *Inflamm. Bowel Dis.* 2010;16(8):1332-9.
178. Blaschitz C, Raffatellu M. Th17 cytokines and the gut mucosal barrier. *J. Clin. Immunol.* 2010;30:196-203.
179. Liu JZ, Pezeshki M, Raffatellu M. Th17 cytokines and host-pathogen interactions at the mucosa: Dichotomies of help and harm. *Cytokine* 2009;48:156-160.
180. Kinugasa T, Sakaguchi T, Gu X, Reinecker HC. As claudinas regulam a barreira intestinal em resposta a mediadores imunitários. *Gastroenterology* 2000;118:1001-1011.
181. Geddes K, Rubino SJ, Magalhães JG, et al. Identification of an innate T helper type 17 response to intestinal bacterial pathogens. *Nat. Med.* 2011;17(7):837-44.
182. Raza A, Yousaf W, Giannella R, Shata MT. Células Th17: interações com factores predisponentes na imunopatogénese da doença inflamatória intestinal. *Expert Rev. Clin. Immunol.* 2012;8(2):161-8.
183. Choi AJS, Ryter SW. Autofagia em doenças inflamatórias. *Int. J. Cell Biol.* 2011;2011:732798.
184. Crotzer VL, Blum JS. Autofagia e imunidade adaptativa. *Immunology* 2010;131(1):9-17.
185. Schmid D, Pypaert M, Munz C. Os compartimentos de carregamento de antigénios para moléculas de classe II do complexo principal de histocompatibilidade recebem continuamente informação dos autofagossomas. *Immunity* 2007;26(1):79-92.
186. Klein L, Münz C, Lünemann JD. Processamento de antigénio mediado por autofagia na tolerância e imunidade das células T CD4+. *FEBS Lett.* 2010;584(7):1405-1410.
187. Li Y, Wang L-X, Yang G, Hao F, Urba WJ, Hu H-M. A apresentação cruzada eficiente depende da autofagia nas células tumorais. *Cancer Res.* 2008;68:6889- 6895.
188. Al-Alwan MM, Liwski RS, Haeryfar SMM, et al. Cutting edge: dendritic cell actin cytoskeletal polarization during immunological synapse formation is highly antigen-dependent. *J Immunol* 2003;171(9):4479-4483.

189. Wildenberg ME, Vos ACW, Wolfkamp SCS, et al. A autofagia atenua a resposta imune adaptativa ao desestabilizar a sinapse imunológica. *Gastroenterologia* 2012;142.
190. Hart AL, Al-Hassi HO, Rigby RJ, et al. Caraterísticas das células dendríticas intestinais nas doenças inflamatórias do intestino. *Gastroenterology* 2005;129:50-65.
191. Baumgart DC, Sandborn WJ. Doença de Crohn. *Lancet* 2012;380:1590-605.
192. Manichanh C, Borruel N, Casellas F, Guarner F. The gut microbiota in IBD. *Nat. Rev. Gastroenterol. Hepatol.* 2012;9:599-608.
193. Ordás I, Eckmann L, Talamini M, Baumgart DC, Sandborn WJ. Colite ulcerosa. *Lancet* 2012;380:1606-19.
194. Latella G. Passos cruciais na história natural da doença inflamatória intestinal. *World J. Gastroenterol.* 2012;18(29):3790.
195. Rescigno M. Mucosal immunology and bacterial handling in the intestine. *Best Pract. Res. Clin. Gastroenterol.* 2013;27:17-24.
196. Cesta MF. Normal structure, function, and histology of mucosa-associated lymphoid tissue. *Toxicol. Pathol.* 2006;34:599-608.
197. Gold MC, Lewinsohn DM. Mucosal associated invariant T cells and the immune response to infection. *Microbes Infect.* 2011;13:742-748.
198. Yeung MM, Melgar S, Baranov V, et al. Characterisation of mucosal lymphoid aggregates in ulcerative colitis: immune cell phenotype and TcR-gammadelta expression. *Gut* 2000;47:215-227.
199. Liu Z, Yang L, Cui Y, et al. IL-21 aumenta a ativação das células NK e a atividade citolítica e induz a diferenciação das células Th17 na doença inflamatória intestinal. *Inflamm. Bowel Dis.* 2009;15:1133-1144.
200. Liu Z, Yadav PK, Xu X, et al. O aumento da expressão de IL-23 na doença inflamatória intestinal promove respostas inflamatórias e citotoxicidade de linfócitos intraepiteliais e da lâmina própria. *J. Leukoc. Biol.* 2011;89:597-606.
201. Liu Z, Feng B-S, Yang S-B, Chen X, Su J, Yang P-C. Interleukin (IL)-23 Suppresses IL-10 in Inflammatory Bowel Disease. *J. Biol. Chem.* 2012;287:3591-3597.
202. Buckner JH. Mechanisms of impaired regulation by CD4(+)CD25(+)FOXP3(+) regulatory T cells in human autoimmune diseases. *Nat. Rev. Immunol.* 2010;10:849-859.
203. Di Sabatino A, Biancheri P, Rovedatti L, MacDonald TT, Corazza GR. New pathogenic paradigms in inflammatory bowel disease. *Inflamm. Bowel Dis.* 2012;18(2):368-71.
204. Anderson CA, Boucher G, Lees CW, et al. Meta-análise identifica 29 loci de risco adicionais de colite ulcerosa, aumentando o número de associações confirmadas para 47. *Nat. Genet.* 2011;43:246-252.
205. Franke A, McGovern DPB, Barrett JC, et al. Genome-wide meta-analysis increases to 71 the number of confirmed Crohn's disease susceptibility loci. *Nat. Genet.* 2010;42:1118-1125.
206. Cho JH, Brant SR. Recent insights into the genetics of inflammatory bowel disease. *Gastroenterology* 2011;140:1704-1712.
207. Graham DB, Xavier RJ. Da genética da doença inflamatória intestinal aos conhecimentos mecanicistas. *Trends Immunol.* 2013;34(8):371-8.
208. Glas J, Konrad A, Schmechel S, et al. As variantes do gene ATG16L1 rs2241879 e rs2241880 (T300A) estão fortemente associadas à suscetibilidade à doença de Crohn na população alemã. *Am. J. Gastroenterol.* 2008;103:682-691.
209. Prescott NJ, Fisher SA, Franke A, et al. A Nonsynonymous SNP in ATG16L1 Predisposes to Ileal Crohn's Disease and Is Independent of CARD15 and IBD5. *Gastroenterology* 2007;132:1665-1671.
210. Van Limbergen J, Russell RK, Nimmo ER, et al. O gene da autofagia ATG16L1 influencia a suscetibilidade e a localização da doença, mas não o início na infância, na doença de Crohn no Norte da Europa. *Inflamm. Bowel Dis.* 2008;14:338-346.
211. Smith AM, Rahman FZ, Hayee B, et al. Disordered macrophage cytokine secretion underaired acute inflammation and bacterial clearance in Crohn's disease. *J. Exp. Med.* 2009;206:1883-1897.
212. Brain O, Cooney R, Simmons A, Jewell D. Functional consequences of mutations in the autophagy genes in the pathogenesis of Crohn's disease. *Inflamm. Bowel Dis.* 2012;18:778-81.
213. Fowler E V, Doecke J, Simms LA, et al. ATG16L1 T300A mostra fortes associações com subgrupos de doença numa grande população australiana de DII: mais apoio para uma heterogeneidade significativa da doença. *Am. J. Gastroenterol.* 2008;103:2519-2526.
214. Duraes C, Machado JC, Portela F, et al. Perfis fenótipo-genótipo na doença de Crohn previstos por marcadores genéticos em genes relacionados com a autofagia (estudo GOIA II). *Inflamm. Bowel Dis.* 2013;19:230-9.
215. Lauriola M, Ugolini G, Rivetti S, et al. Polimorfismos IL23R, NOD2/CARD15, ATG16L1 e PHOX2B

num grupo de doentes com doença de Crohn e correlação com subfenótipos. *Int. J. Mol. Med.* 2011;27(3):469-77.

216. Sehgal R, Berg A, Polinski JI, et al. Mutações no IRGM estão associadas a uma necessidade mais frequente de cirurgia em doentes com doença de Crohn ileocolónica. *Dis. Colon Rectum* 2012;55(2):115-21.

217. Wolfkamp SC, Te Velde AA, Weersma RK, Ponsioen CY, Stokkers PC. Existe um papel para os genes de autofagia associados à doença de Crohn ATG16L1 e IRGM na formação de granulomas? *Eur. J. Gastroenterol. Hepatol.* 2010;22:933-937.

218. Mukhopadhya I, Hansen R, El-Omar EM, Hold GL. IBD-what role do Proteobacteria play? *Nat. Rev. Gastroenterol. Hepatol.* 2012;9(4):219-30.

219. Murdoch TB, Xu W, Stempak JM, et al. As variantes dos genes do recetor de reconhecimento de padrões e da autofagia estão associadas ao desenvolvimento de anticorpos antimicrobianos na doença de Crohn. *Inflamm. Bowel Dis.* 2012;18:1743-8.

220. Frank DN, Robertson CE, Hamm CM, et al. O fenótipo e o genótipo da doença estão associados a alterações no microbiota associado ao intestino nas doenças inflamatórias intestinais. *Inflamm. Bowel Dis.* 2011;17:179-184.

221. Von Muhlinen N, Akutsu M, Ravenhill BJ, et al. Um papel essencial para o ortólogo ATG8 LC3C na autofagia antibacteriana. *Autofagia* 2013;9(5):784-6.

222. Tanida I, Minematsu-Ikeguchi N, Ueno T, Kominami E. O turnover lisossómico, mas não o nível celular, da LC3 endógena é um marcador de autofagia. *Autophagy* 2005;1:84-91.

223. Mizushima N, Yoshimori T. How to Interpret LC3 Immunoblotting. *Autophagy* 2007;3(6):542-545.

224. Mizushima N, Yoshimori T, Levine B. Methods in Mammalian Autophagy Research (Métodos de Investigação da Autofagia em Mamíferos). *Cell* 2010;140:313-326.

225. Von Muhlinen N, Akutsu M, Ravenhill BJ, et al. LC3C, ligado seletivamente por um motivo LIR não canónico em NDP52, é necessário para a autofagia antibacteriana. *Mol. Cell* 2012;48:329-342.

226. Isei T, Minematsu-Ikeguchi N, Ueno T, Kominami E. O turnover lisossómico, mas não o nível celular, do LC3 endógeno é um marcador de autofagia. *Autophagy* 2005;1(2):84-91.

227. Lennard-Jones JE. Classification of inflammatory bowel disease (Classificação da doença inflamatória intestinal). *Scand. J. Gastroenterol. Suppl.* 1989;170:2-6; discussão 16-9.

228. Hanauer SB, Sandborn W. Management of Crohn's disease in adults. *Am. J. Gastroenterol.* 2001;96(3):635-643.

229. Baumgart DC, Sandborn WJ. Inflammatory bowel disease: clinical aspects and established and evolving therapies (Doença inflamatória intestinal: aspectos clínicos e terapias estabelecidas e em evolução). *Lancet* 2007;369(9573):1641-57.

230. Vermeire S, Van Assche G, Rutgeerts P. C-Reactive Protein as a Marker for Inflammatory Bowel Disease (Proteína C-Reactiva como Marcador de Doença Inflamatória Intestinal). *Inflamm. Bowel Dis.* 2004;10(5):661-665.

231. Sipponen T, Savilahti E, Kolho K-L, Nuutinen H, Turunen U, Farkkila M. Crohn's disease activity assessed by fecal calprotectin and lactoferrin: correlation with Crohn's disease activity index and endoscopic findings. *Inflamm. Bowel Dis.* 2008;14(1):40-6.

232. Shanahan F, Duerr RH, Rotter JI, et al. Autoanticorpos contra neutrófilos na colite ulcerosa: agregação familiar e heterogeneidade genética. *Gastroenterology* 1992;103:456-461.

233. Ellerbroek PM, Oudkerk Pool M, Ridwan BU, et al. Neutrophil cytoplasmic antibodies (p-ANCA) in ulcerative colitis. *J. Clin. Pathol.* 1994;47(3):257-62.

234. Lombardi G, Annese V, Piepoli A, et al. Anticorpos citoplasmáticos antineutrófilos na doença inflamatória intestinal: papel clínico e revisão da literatura. *Dis. Colon Rectum* 2000;43:999-1007.

235. Israeli E, Grotto I, Gilburd B, et al. Anti-Saccharomyces cerevisiae and antineutrophil cytoplasmic antibodies as predictors of inflammatory bowel disease. *Gut* 2005;54(9):1232-6.

236. Walker LJ, Aldhous MC, Drummond HE, et al. Os anticorpos anti-Saccharomyces cerevisiae (ASCA) na doença de Crohn estão associados à gravidade da doença mas não às mutações NOD2/CARD15. *Clin. Exp. Immunol.* 2004;135(3):490-496.

237. Mokhtarifar A, Ganji A, Sadrneshin M, Bahari A, Esmaeilzadeh A. Diagnostic Value of ASCA and Atypical p-ANCA in Differential Diagnosis of Inflammatory Bowel Disease. *Médio Oriente J. Dig. Dis.* 2013;5(2):1-5.

238. Triantafillidis JK, Merikas E, Georgopoulos F. Medicamentos actuais e emergentes para o tratamento da doença inflamatória intestinal. *Drug Des. Devel. Ther.* 2011;5:185-210.

239. Scribano ML, Prantera C. Utilização de antibióticos no tratamento da doença de Crohn. *World J. Gastroenterol.* 2013;19(5):648-53.

240. Florijn RJ, Slats J, Tanke HJ, Raap AK. Análise de reagentes antifading para microscopia de fluorescência. *Cytometry* 1995;19:177-182.
241. Murakami K, Kurihara C, Oka T, et al. A ligação do norovírus às células epiteliais intestinais é independente dos antigénios do grupo sanguíneo. *PLoS One* 2013;8(6):e66534.
242. Fahlgren A, Hammarström S, Danielsson A, Hammarström M-L. Aumento da expressão de peptídeos antimicrobianos e lisozima em células epiteliais do cólon de pacientes com colite ulcerosa. *Clin. Exp. Immunol.* 2003;131:90-101.
243. Staffová K. Polymorfismus genu ATG16L1 (autophagy-related 16-like 1) a genetická vnímavost k sarkoidóze u Ceskych pacientû. 2011;1:1-43.
244. Pearce N. O que é que o odds ratio estima num estudo de caso-controlo? *Int. J. Epidemiol.* 1993;22:1189-1192.
245. Van Stralen KJ, Stel VS, Reitsma JB, Dekker FW, Zoccali C, Jager KJ. Métodos de diagnóstico I: sensibilidade, especificidade e outras medidas de exatidão. *Kidney Int.* 2009;75:1257-1263.
246. Rubinsztein DC, Shpilka T, Elazar Z. Mechanisms of autophagosome biogenesis. *Curr. Biol.* 2012;22(1):R29-34.
247. Helal R, Bader G, Melzig MF. Estimulação da libertação de lisozima por preparações microbianas selecionadas. *Pharmazie* 2012;67:2011-2013.
248. Deuring JJ, Fuhler GM, Konstantinov SR, et al. Genomic ATG16L1 risk allele- restricted Paneth cell ER stress in quiescent Crohn's disease. *Gut* 2013:1-11.
249. Cadwell K, Patel KK, Maloney NS, et al. A interação entre o vírus e o gene de suscetibilidade determina os fenótipos do gene Atg16L1 da doença de Crohn no intestino. *Cell* 2011;141(7):1135-1145.
250. Cadwell K, Liu JY, Brown SL, et al. A key role for autophagy and the autophagy gene Atg16l1 in mouse and human intestinal Paneth cells. *Nature* 2008;456(7219):259-63.
251. VanDussen KL, Liu T-C, Li D, et al. Variantes genéticas sintetizam para produzir fenótipos de células paneth que definem subtipos da doença de Crohn. *Gastroenterology* 2014;146:200-9.
252. Klionsky DJ. Crohn's Disease, Autophagy, and the Paneth Cell (Doença de Crohn, Autofagia e Célula de Paneth). *N. Engl. J. Med.* 2010;360(17):1785-1786.
253. Inoue J, Nishiumi S, Fujishima Y, et al. Autophagy in the intestinal epithelium regulates Citrobacter rodentium infection. *Arch. Biochem. Biophys.* 2012;521(1- 2):95-101.
254. Wells JM, Rossi O, Meijerink M, van Baarlen P. Epithelial crosstalk at the microbiota-mucosal interface. *Proc. Natl. Acad. Sci. U. S. A.* 2011;108 Suppl :4607-4614.
255. Reggiori F, Komatsu M, Finley K, Simonsen A. Autophagy: More Than a Nonselective Pathway (Autofagia: mais do que uma via não selectiva). *Int. J. Cell Biol.* 2012;2012(Figura 1).
256. Conway KL, Kuballa P, Song J-H, et al. Atg16l1 é necessário para a autofagia em células epiteliais intestinais e proteção de ratinhos contra a infeção por Salmonella. *Gastroenterology* 2013;145(6):1347-57.
257. Groulx J-F, Khalfaoui T, Benoit YD, et al. A autofagia está ativa na mucosa normal do cólon. *Autophagy* 2012;8(6):893-902.
258. Xavier RJ, Huett A, Rioux JD. A AUTOFAGIA COMO UM PROCESSO IMPORTANTE NA HOMEOSTASE INTESTINAL E NA PATOGÉNESE DA DOENÇA DE CROHN. *Gut* 2009;57(6):717-720.
259. Xu Y, Jagannath C, Liu X-D, Sharafkhaneh A, Kolodziejska KE, Eissa NT. O recetor Tolllike 4 é um sensor de autofagia associado à imunidade inata. *Immunity* 2007;27(1):135-44.
260. Delgado MA, Deretic V. Toll-like receptors in control of immunological autophagy. *Cell Death Differ.* 2009;16:976-983.
261. Birmingham CL, Smith AC, Bakowski MA, Yoshimori T, Brumell JH. Autophagy controls Salmonella infection in response to damage to the Salmonella-containing vacuole (A autofagia controla a infeção por Salmonella em resposta a danos no vacúolo contendo Salmonella). *J. Biol. Chem.* 2006;281:11374-11383.
262. Kim B-W, Hong SB, Kim JH, Kwon DH, Song HK. Base estrutural para o reconhecimento do recetor autofágico NDP52 pelo recetor de açúcar galectina-8. *Nat. Commun.* 2013;4:1613.
263. Masschalck B, Deckers D, Michiels CW. Mecanismo lítico e não-lítico de inativação de bactérias gram-positivas pela lisozima sob pressão atmosférica e hidrostática elevada. *J. Food Prot.* 2002;65:1916-1923.
264. Xue Q-G, Schey KL, Volety AK, Chu F-LE, La Peyre JF. Purificação e caraterização da lisozima do plasma da ostra oriental (Crassostrea virginica). *Comp. Biochem. Physiol. B. Biochem. Mol. Biol.* 2004;139:11-25.
265. Ostaff MJ, Stange EF, Wehkamp J. Antimicrobial peptides and gut microbiota in homeostasis and pathology. *EMBO Mol. Med.* 2013;5(10):1465-83.
266. Randall-Demllo S, Chieppa M, Eri R. Intestinal Epithelium and Autophagy: Partners in Gut

Homeostasis. *Front. Immunol.* 2013;4(September):301.
267. Walker DG, Bancil a. S, Rai PS, et al. Variação étnica na frequência de polimorfismos relacionados com a DII em IRGM, ATG16L1 e IL23R. *Gut* 2011;60(Suppl 1):A223-A223.
268. Rankin a., Cuthill K, Subesinghe M, Goldsmith D. Hemorragia rectal com risco de vida devido a colite por citomegalovírus num doente em hemodiálise. *NDT Plus* 2009;2(3):239-241.
269. Parkhouse R, Ebong IO, Robinson C V., Monie TP. A região N-Terminal da proteína de autofagia humana ATG16L1 contém um domínio que se dobra em uma estrutura helicoidal consistente com a formação de uma bobina enrolada. *PLoS One* 2013;8.
270. Fujita N, Saitoh T, Kageyama S, Akira S, Noda T, Yoshimori T. Differential Involvement of Atg16L1 in Crohn Disease and Canonical Autophagy. *J. Biol. Chem.* 2009;284(47):32602-32609.
271. Shanahan F. Doença de Crohn. In: *Lancet.*Vol 359.; 2002:62-69.
272. Podolsky DK. Doença inflamatória intestinal. *N. Engl. J. Med.* 2002;347:417-429.
273. Marks DJB, Segal AW. Imunidade inata na doença inflamatória intestinal: uma hipótese de doença. *J. Pathol.* 2008;214:260-266.
274. McGuckin MA, Eri R, Simms LA, Florin THJ, Radford-Smith G. Intestinal barrier dysfunction in inflammatory bowel diseases. *Inflamm. Bowel Dis.* 2009;15:100-113.
275. Mason DY, Taylor CR. The distribution of muramidase (lysozyme) in human tissues. *J. Clin. Pathol.* 1975;28:124-132.
276. Bry L, Falk P, Huttner K, Ouellette A, Midtvedt T, Gordon JI. Paneth cell differentiation in the developing intestine of normal and transgenic mice. *Proc. Natl. Acad. Sci. U. S. A.* 1994;91:10335-10339.
277. Erlandsen SL, Parsons J a., Taylor TD. Ultrastructural Immunocytochemical Localization of Lysozyme in the Paneth Cells of Man. *J. Histochem. Cytochem.* 1974;22(6):401-413.
278. Lassen KG, Kuballa P, Conway KL, et al. A variante Atg16L1 T300A diminui a autofagia selectiva, resultando numa alteração da sinalização das citocinas e numa diminuição da defesa antibacteriana. *Proc. Natl. Acad. Sci. U. S. A.* 2014;111(21):7741-6.
279. Cadwell K, Patel KK, Komatsu M, Stappenbeck TS. Um papel comum para Atg16L1, Atg5 e Atg7 nas células de Paneth do intestino delgado e na doença de Crohn. *Autophagy* 2009;5(February):250-252.
280. Wehkamp J, Harder J, Weichenthal M, et al. As mutações NOD2 (CARD15) na doença de Crohn estão associadas a uma diminuição da expressão da alfa-defensina na mucosa. *Gut* 2004;53:1658-1664.
281. Travassos LH, Carneiro LAM, Ramjeet M, et al. Nod1 e Nod2 dirigem a autofagia através do recrutamento de ATG16L1 para a membrana plasmática no local de entrada da bactéria. *Nat. Immunol.* 2010;11:55-62.
282. Conway KL, Kuballa P, Song J-H, et al. Atg16l1 é necessário para a autofagia em células epiteliais intestinais e proteção de ratinhos contra a infeção por Salmonella. *Gastroenterologia* 2013:1-11.
283. Cooney R, Baker J, Brain O, et al. A estimulação do NOD2 induz a autofagia nas células dendríticas, influenciando a manipulação bacteriana e a apresentação de antigénios. *Nat. Med.* 2010;16:90-97.
284. Ichimura Y, Komatsu M. Pathophysiological role of autophagy: lesson from autophagy-deficient mouse models. *Exp. Anim.* 2011;60:329-345.
285. Shpilka T, Elazar Z. Essential role for the mammalian ATG8 isoform LC3C in xenophagy. *Mol. Cell* 2012;48(3):325-6.
286. Huang J, Brumell JH. Autofagia na imunidade contra bactérias intracelulares. *Curr. Top. Microbiol. Immunol.* 2009;335:189-215.
287. Scharl M, Rogler G. Inflammatory bowel disease: dysfunction of autophagy? *Dig. Dis.* 2012;30 Suppl 3:12-9.
288. Brest P, Corcelle EA, Cesaro A, et al. Autophagy and Crohn's disease: at the crossroads of infection, inflammation, immunity, and cancer. *Curr. Mol. Med.* 2010;10:486-502.
289. Harrington PR, Vinjé J, Moe CL, Baric RS. Norovirus capture with histo-blood group antigens reveals novel virus-ligand interactions. *J. Virol.* 2004;78:3035- 3045.
290. White LJ, Ball JM, Hardy ME, Tanaka TN, Kitamoto N, Estes MK. Attachment and entry of recombinant Norwalk virus capsids to cultured human and animal cell lines (Ligação e entrada de capsídeos recombinantes do vírus Norwalk em culturas de células humanas e animais). *J. Virol.* 1996;70:6589-6597.
291. Kudchodkar SB, Levine B. Viruses and autophagy (Vírus e autofagia). *Rev. Med. Virol.* 2009;19:359-378.
292. Orvedahl A, MacPherson S, Sumpter R, Tallóczy Z, Zou Z, Levine B. Autophagy protects against Sindbis virus infection of the central nervous system. *Cell Host Microbe* 2010;7:115-127.

293. Pei Y, Chen Z-P, Ju H-Q, et al. A autofagia está envolvida na atividade antiviral da pentagaloilglucose (PGG) contra a infeção pelo vírus Herpes simplex tipo 1 in vitro. *Biochem. Biophys. Res. Commun.* 2011;405:186-191.
294. Kyei GB, Dinkins C, Davis AS, et al. A via da autofagia cruza-se com a biossíntese do VIH-1 e regula os rendimentos virais nos macrófagos. *J. Cell Biol.* 2009;186:255-268.
Hwang S, Maloney NS, Bruinsma MW, et al. Papel não degradativo do complexo de proteínas autofágicas Atg5- Atg12/Atg16L1 na atividade antiviral do interferão gama. *Cell Host Microbe* 2013;11(4):397-409.
296. Toruner M, Loftus E V, Harmsen WS, et al. Factores de risco para infecções oportunistas em doentes com doença inflamatória intestinal. *Gastroenterology* 2008;134(4):929-36.
297. Frank DN, St Amand AL, Feldman RA, Boedeker EC, Harpaz N, Pace NR. Caracterização molecular-filogenética dos desequilíbrios da comunidade microbiana nas doenças inflamatórias intestinais humanas. *Proc. Natl. Acad. Sci. U. S. A.* 2007;104:13780-13785.
298. Hirasawa R, Tatsuta M, Iishi H, et al. Aumento da apoptose e diminuição da atividade da ornitina descarboxilase da mucosa gástrica em doentes com gastrite atrófica e úlcera gástrica após erradicação bem sucedida da Helicobacter pylori. *Am. J. Gastroenterol.* 1999;94(9):2398-402.
299. Honda S, Fujioka T, Tokieda M, Gotoh T, Nishizono A, Nasu M. Gastric ulcer, atrophic gastritis, and intestinal metaplasia caused by Helicobacter pylori infection in Mongolian gerbils. *Scand. J. Gastroenterol.* 1998;33:454-460.
300. Malfertheiner P, Peitz U. The interplay between Helicobacter pylori, gastro- oesophageal reflux disease, and intestinal metaplasia. *Gut* 2005;54 Suppl 1:i13- i20.
301. Wilcox CM. Relação entre o uso de anti-inflamatórios não esteróides, Helicobacter pylori e lesão da mucosa gastroduodenal. *Gastroenterology* 1997;113:S85-S89.
302. Fukuda Y, Bamba H, Okui M, et al. A infeção por Helicobacter pylori aumenta a permeabilidade da mucosa do estômago e do intestino. In: *Digestion.*Vol 63.; 2001:93-96.
303. Rad R, Brenner L, Bauer S, et al. CD25+/Foxp3+ T Cells Regulate Gastric Inflammation and Helicobacter pylori Colonization In Vivo. *Gastroenterology* 2006;131:525-537.
304. Leach MW, Davidson NJ, Fort MM, Powrie F, Rennick DM. The Role of IL-10 in Inflammatory Bowel Disease (O papel da IL-10 na doença inflamatória intestinal): "Of Mice and Men". *Toxicol. Pathol.* 1999;27:123-133.
305. De Winter H, Cheroutre H, Kronenberg M. Mucosal immunity and inflammation. II. O yin e o yang das células T na inflamação intestinal: papéis patogénicos e protectores num modelo de colite de ratinho. *Am. J. Physiol.* 1999;276:G1317- G1321.
306. Izcue A, Coombes JL, Powrie F. Regulatory T cells suppress systemic and mucosal immune activation to control intestinal inflammation. *Immunol. Rev.* 2006;212:256-271.
307. Haribhai D, Lin W, Edwards B, et al. A central role for induced regulatory T cells in tolerance induction in experimental colitis. *J. Immunol.* 2009;182:3461- 3468.
308. Luther J, Owyang SY, Takeuchi T, et al. Helicobacter pylori DNA diminui a produção de citocinas pró-inflamatórias por células dendríticas e atenua a colite induzida por sulfato de sódio dextrano. *Gut* 2011;60:1479-1486.
309. Maeda M, Nakano M, Hiraishi H. Influência da Infeção por Helicobacter pylori na Mucosa do Intestino Delgado. 2013;2013:8-13.
310. Kao JY, Zhang M, Miller MJ, et al. Helicobacter pylori Immune Escape Is Mediated by Dendritic Cell-Induced Treg Skewing and Th17 Suppression in Mice. *Gastroenterology* 2010;138:1046-1054.
311. Zhang M, Liu M, Luther J, Kao JY. Helicobacter pylori dirige a programação tolerogénica das células dendríticas. *Gut Microbes* 2010;1.
312. Otani K, Watanabe T, Tanigawa T, et al. Anti-inflammatory effects of IL-17A on Helicobacter pyloriinduced gastritis. *Biochem. Biophys. Res. Commun.* 2009;382(2):252-8.
313. Fujino S, Andoh a, Bamba S, et al. Increased expression of interleukin 17 in inflammatory bowel disease. *Gut* 2003;52(1):65-70.
314. Farache J, Zigmond E, Shakhar G, Jung S. Contributions of dendritic cells and macrophages to intestinal homeostasis and immune defense. *Immunol. Cell Biol.* 2013;91:232-9.
315. Brand S. Doença de Crohn: Th1, Th17 ou ambas? A mudança de um paradigma: novos conhecimentos imunológicos e genéticos implicam as células Th17 na patogénese da doença de Crohn. *Gut* 2009;58:1152-1167.
316. Pott J, Basler T, Duerr CU, Rohde M, Goethe R, Hornef MW. Reconhecimento dependente da internalização de Mycobacterium avium ssp. paratuberculosis por células epiteliais intestinais. *Cell. Microbiol.* 2009;11(12):1802-15.

317. McGovern DPB, Rotter JI, Mei L, et al. Genetics epistasis of IL23/IL17 pathway genes in Crohn's disease. *Inflamm. Bowel Dis.* 2009;15:883-889.
318. Duerr RH, Taylor KD, Brant SR, et al. A genome-wide association study identifies IL23R as an inflammatory bowel disease gene. *Science* 2006;314:1461- 1463.
319. Oliver J, Rueda B, López-Nevot MA, Gómez-García M, Martín J. Replication of an Association Between IL23R Gene Polymorphism With Inflammatory Bowel Disease. *Clin. Gastroenterol. Hepatol.* 2007;5.
320. Higgins PDR, Johnson LA, Luther J, et al. A infeção prévia por Helicobacter pylori melhora a colite induzida por Salmonella typhimurium: Mucosal crosstalk between stomach and distal intestine. *Inflamm. Bowel Dis.* 2011;17:1398-1408.
321. Parkes M. Evidence from genetics for a role of autophagy and innate immunity in IBD pathogenesis. *Dig. Dis.* 2012;30(4):330-3.
322. Brain O, Cooney R, Simmons A, Jewell D. Functional consequences of mutations in the autophagy genes in the pathogenesis of Crohn's disease. *Inflamm. Bowel Dis.* 2012;18(4):778-81.
323. Sadaghian Sadabad M, Regeling A, de Goffau MC, et al. O alelo ATG16L1-T300A prejudica a depuração de patossimbiontes na mucosa ileal inflamada de pacientes com doença de Crohn. *Gut* 2014.
324. Hommes DW, Sterringa G, van Deventer SJH, Tytgat GNJ, Weel J. The Pathogenicity of Cytomegalovirus in Inflammatory Bowel Disease. *Inflamm. Bowel Dis.* 2004;10(3):245-250.

MIX
Papier aus verantwortungsvollen Quellen
Paper from responsible sources
FSC® C105338

Printed by Books on Demand GmbH, Norderstedt / Germany